(a)从弧形隔断看餐厅B

(b)餐厅C

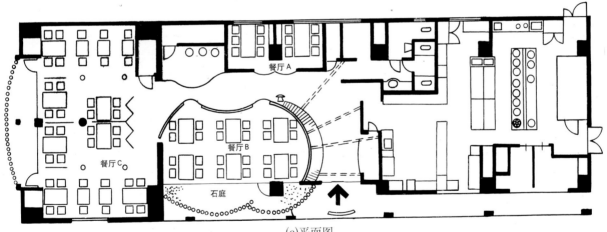

(c)平面图

彩图3-3 以"丝绸之路"为主题的中餐馆

这是日本的一家中餐馆,以"丝绸之路"为主题,划分为三个就餐空间。餐厅A为雅座,餐厅B用弧形矮隔断及地面材质的变化与交通空间分隔,弧形墙上陈列丝绸、佛像,以点出主题。在通长的落地玻璃窗外有个石庭,用钢筋混凝土管柱围合,石庭使餐厅避开了街上的喧哗,庭内有一条像在舞动的龙。餐厅C又有所不同,四根装饰柱上端有8个能发光的玻璃环,中间的结构柱上顶着光晕,五根柱子上鲜艳的色泽象着绚丽多彩的丝绸。

(a)外景

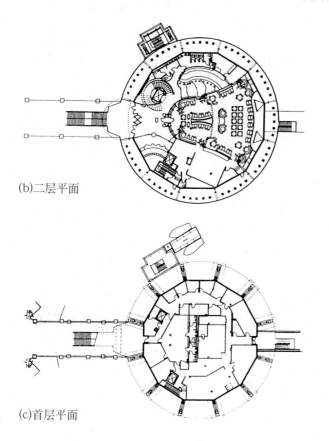

(b)二层平面

(c)首层平面

(d)主餐厅

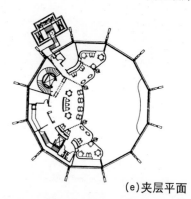

(e)夹层平面

彩图3-4 美国奥兰多的"好莱坞行星餐厅"

    该餐厅外形是个30m高的蓝色大球,有12个钢架支撑,顾客从圆筒状的自动扶梯经飞蝶状的雨篷进入餐厅。在两层餐厅里悬挂着众多好莱坞纪念物(汽车、飞机座舱等),有一个巨大的屏幕播放着好莱坞经典电影的片断、流行音乐,介绍电影明星、电影史。该餐厅以视觉的新奇和刺激吸引人来用餐。

彩图 2-1 九龙帝苑酒店中庭

　　在九龙帝苑酒店的中庭内有咖啡厅和自助餐厅。用绿化、围栏、水体、布质凉棚等使每一餐桌都能依托于边界，有明确的领域感。其图案化的餐桌布局，成了中庭的点缀，而人的餐饮活动，更使中庭富有生气，成为真正的交往空间。

彩图 3-2 伊斯兰风格餐厅（摩洛哥）

　　室内用伊斯兰式的拱券柱廊来分隔不同的就餐空间，圆柱轻巧纤秀，用方形券脚垫石作为圆柱与拱券的过渡，拱券的轮廓如蜂窝状，拱券及天花上覆满几何形的装饰纹样，这些都是伊斯兰风格所特有的。

彩图 3-1 中国传统建筑风格的餐厅

　　顶棚上悬挂大红灯笼，墙上琉璃瓦的披檐，中国式的亭子、隔断上的菱花窗、墙上陈设的木雕及刺绣工艺品……，共同烘托出中国传统建筑风格特有的氛围。

(a)外景

彩图1-1 意大利高速公路上某快餐店

　　该快餐店为钢结构，横跨于高速公路上，从室外钢梯可达二层快餐店。悬挑的大挑檐，通长的遮阳板，造型轻快，有表现力。橙、红、白色的外观及快餐店的标牌，十分醒目，在远处便可吸引驾车者注意。

　　室内亦以橙、红两色为主，色彩亮丽，诱人食欲。灯光明亮，环境舒适，通长的玻璃窗，视野开阔。快餐店附有小型超市、厕所等，首层有加油站，十分适合旅行者所需。

(b)室内

彩图1-2 比利时高速公路上某快餐店的室内

　　木桶形的食品陈列台、条纹织物做顶的售货台、顶棚垂挂的花草，给人以乡村酒吧的温馨感受。

彩图1-3 上海新世纪商厦第8层"世界饮食街"

　　周边有40余家中外风味小吃摊档，中间为就餐区，用绿化、矮隔断、灯饰、地面图案及地坪变化高度等手法围合出不同的就餐空间。

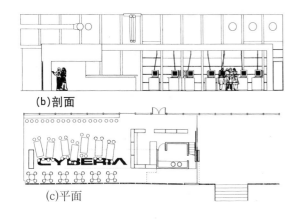

(b)剖面

(c)平面

(a)内景

彩图 3-5 蓬皮杜文化中心的网络咖啡屋（巴黎）

该咖啡屋由伦敦专门设计网络咖啡屋的建筑师Bernhard Blauel设计，面积120m²，有18台电脑，高峰时每天接待1200人。咖啡屋位于该中心售票区的夹层上，用胶合板和金属网围隔。

(a)入口

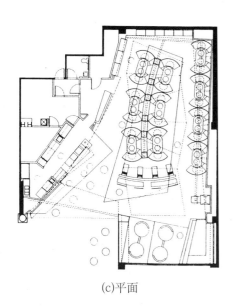

(c)平面

彩图 3-6 网络咖啡屋

这是美国的一家网络咖啡屋，店主将咖啡屋与软件销售结合，建立一种"食品销售＋上网＋软件销售"的综合营销理念，使客人在喝咖啡上网之余，还能了解最新软件信息和购置软件。墙上陈列着各种最新软件。

(b)内景

彩图5-1 采用蒙古包的形式围合小空间，使空间大中有小，富有变化。

彩图5-2 使用镜子的界面从视觉上有扩大空间的作用

彩图5-4 通过界面设计营造独特的餐饮氛围

彩图5-3 通过界面设计营造夜色美景的特定气氛

彩图5-6 具有传统中式风格的餐厅界面设计(二)

彩图5-5 具有传统中式风格的餐厅界面设计(一)

彩图5-8 采用庭园造景的新日式餐厅

彩图5-7 具有传统欧式风格的餐厅界面设计

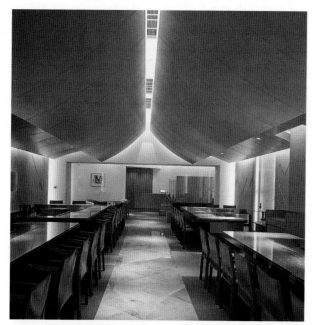

彩图 5-9 弧形天花界面造型

彩图 5-10 圆形顶棚造型

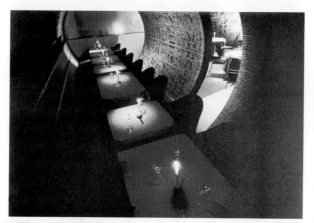

彩图 5-12 界面造型脱开结构，根据环境气氛所需而设计

彩图 5-11 结合排烟功能而设计的二次吊顶

彩图 5-13 界面图案设计

彩图 5-14 暖色调的餐厅色彩设计

彩图 5-15 咖啡厅酒吧的色彩设计

彩图 5-16 大型餐厅色彩明朗、欢快

彩图5-17 通过顶棚的造型处理，进一步强化空间的主次关系　　彩图5-18 通过顶棚造型和照明设计，加强空间的序列感

彩图5-19 通过顶棚造型和照明设计，加强空间的深远感　　彩图5-20 模仿夜景的顶棚处理

彩图5-21 突出灯具造型的顶棚

彩图 5-22 突出灯具造型的顶棚

彩图 5-23 结合光棚的顶棚处理

彩图 5-24 结合光带的顶棚处理

彩图 5-25 顶棚的造型设计

彩图 5-26 顶棚的图案设计

彩图 5-27 彩色织物装饰顶棚,亲切温暖

彩图 5-28 用大块织物装饰顶棚

彩图 5-29 利用高架装饰构件的顶棚造型

彩图 5-30 地面图案处理

彩图 5-31 木地板地面处理

彩图5-32 多种材料相结合的地面处理

彩图5-33 地面光艺术处理

彩图5-34 地面光艺术处理

彩图5-35 地面配置地灯,既有导向作用,又能起到装饰效果

彩图5-36 具有导向、装饰作用的地面处理

彩图 5-37 大片落地玻璃窗，使室内外空间在视觉上流通

彩图 5-38 利用竹子装饰墙面

彩图 5-39 运用绘画手段装饰墙面㈠

彩图 5-40 运用绘画手段装饰墙面㈡

彩图 5-41 整体墙面采用绘画手段处理，效果独特

彩图 5-42 利用整面酒柜来装饰墙面

彩图 5-43 墙面上光的艺术处理

彩图 5-44 石材隔断围合空间

彩图 5-45　漏空通透的网状隔断

彩图 5-48　柱子顶部造型

彩图 5-46　竹子编排组合隔断

彩图 5-47　木装饰组合隔断

彩图 5-49　结合照明设计的柱子

连续的水平窗使人视野舒展、开阔，将室外景致尽收眼底。餐桌上方的构架限定出一方尺度亲切的就餐空间，低矮的隔断不仅围合出一个个富有领域感的小空间，还使客席免受交通干扰。

彩图6-3

拱形天窗不仅引入自然光，而且其加工精良的金属框、光洁的玻璃与大片毛石墙形成鲜明对比，衬托出毛石墙的天然气息，配上大量绿化，使咖啡厅宛如室外的自然环境。

彩图6-2

从顶部引入自然光，使餐厅明亮欢快，透过斜向天窗还能看到绿树、天光云影。

彩图6-4

顶棚上这盏射灯的光束，暗示出一个只属于这桌客人的光照的空间领域，而人工光的顶棚又给人以天光之感。

彩图6-5

通过对光的投射角度的设计,可以充分展现材料的质感美。

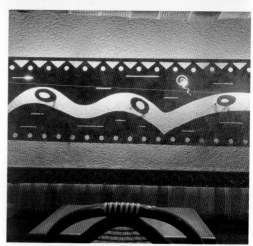

彩图6-6

从一幅缕空的金属装饰图案背后打光,其强烈的明暗对比,使图案更具装饰性。

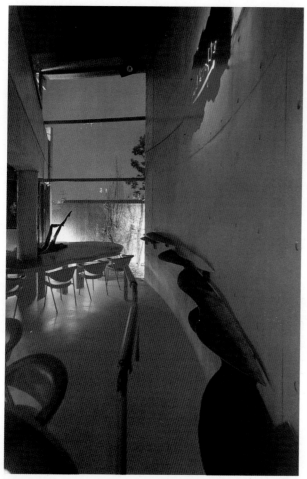

彩图6-7

在顶棚和墙面上用钢筋随意弯曲组合成的花饰,经灯光衬托而别具特色,使顶棚和墙面富有层次,有如蒙上一层透明的薄纱,用材简单,又很有装饰性。

彩图6-8

用色光能营造出特别的情调和氛围。这间酒吧经用蓝色光投射,整个酒吧笼罩在一片朦胧的暗蓝色中,使人犹如置身于幽深的海洋或深邃的夜空,而咖啡座下的淡蓝光更给人以飘逸感。

彩图6-9

这是日本某咖啡馆,四周背景黝黑,用红色光投照,在墙上和地板上形成红色光晕,空间幽暗、静谧,又具刺激感,使咖啡馆有种独特的氛围和情调。

彩图6-10

烛光、拱顶上的壁画、高耸的空间、列柱,给人以远离尘世的宗教气氛。客人常选择该餐厅举行婚宴或宴请。

(a)

彩图6-11

同一室内环境,如果用不同的色光照射,会产生迥然不同的气氛,红色光使气氛热烈、欢快、温暖,而改用蓝色光,则给人以宁静、深远、凉爽之感。

(b)

彩图6-12

环境照明与局部照明结合,使餐厅的光环境富有层次和变化,局部照明重点投射墙上的绘画,使餐厅颇具文化氛围。顶棚上光栅的图案具有特殊的装饰效果。

彩图7-1 欧式风格餐厅家具设计

彩图7-3 色彩鲜明的餐厅家具设计

彩图7-2 带国际象棋棋盘的特色家具设计

彩图7-4 采用装饰性汽车摆设来点明餐厅的主题

彩图7-5 北京滚石餐厅陈设设计

彩图7-6 主题餐厅的陈设装饰效果

彩图8-1 餐馆立面的创意

　　某餐馆用废墟、遗迹的形象作为立面创意的出发点。设计师在大片的实墙面上故意搞了一些残破、剥落的痕迹，又在墙的一端设计了一个西洋古典式的门廊，以此表现餐饮店的年代与风格象征。此外，通过设在门廊与树丛下部的灯光，将门廊与树丛的影子投射在预留的墙面上，创造出一副光与影的黑白图景。风声中灯光闪烁、树影摇曳，给人一种神秘莫测的感觉。

彩图8-2 餐馆立面的创意

　　日本大阪某咖啡店的门面。该店面的设计意图是创造出一幅"人间天堂"的景象，以吸引年青人特别是女性顾客。首先立面全部采用大玻璃窗，使入口空间有橱窗般的感觉；其次在入口空间中设置了童话世界中的城堡与仙女雕像，并通过灯光的配置将仙女飞天的形象投射到墙面的光晕中。单纯的色彩设计及纤细优美、富有动态的仙女雕像，给人留下纯情无瑕、充满憧憬的印象，吻合了设计者的创作初衷。

彩图8-3 在大空间中的餐饮店面

　　某办公楼下部公共层中的餐饮店，是在大空间内店面设计的实例。该公共层在色彩上进行了统一设计，公共空间的顶棚、地面、柱子等为白色及米黄色，而各家店面色彩一律为红色，形成强烈对比，各店的立面形式也完全一致，均为开敞式玻璃窗店面。此种作法使公共层空间整体效果恢宏整齐。餐饮店店面在其中虽无强烈个性，但因融于整体中，给人一种协调和整洁的印象。

彩图8-4 强化屋顶以突出店面

　　这是日本一街头面馆，总面积不大，为了突出形象，该餐馆将屋顶加高并作成奇特的形状，以区别于周边的方盒子建筑，强化其标志性，吸引过往行人（剖面见图8-11）。

彩图8-5 边缘空间的处理

　　这是一巧妙利用边缘空间的例子。把建筑底层作成开敞式,摆设餐桌椅,人们在此可自由地呼吸新鲜空气,领略自然风光。连续的拱券柱廊形成强烈的韵律感,配以白色的桌椅及绿化,使环境十分优雅、惬意。

彩图8-6 边缘空间的处理

　　这是一条典型的充满欧洲风情的小街,街道在阳光照射下,色彩鲜明。街两边的小餐馆利用店前空间各自搭出凉棚,既适合本地人来此会友聊天,遥相观望,又适合游客在此餐饮小憩,欣赏街景。

彩图8-7 用色彩突出立面重点部位

　　某烧烤店立面处理用色统一、素雅,大面积为灰色及白色,仅在重点部位(入口引廊、中心部屋檐、柱子端头等处)用了少量红色,起到突出建筑、均衡构图的作用(平面见图8-27)。

彩图8-8 用色彩丰富立面造型

　　某咖啡店外型受条件限制如同方盒子一般,形式呆板。但在立面上通过对色块进行处理,利用巧妙的构图和强烈的色彩对比,使其形象生动和丰富起来,如同儿童玩具箱一样,给人留下稚气、可爱的印象。

彩图8-9 材料在店面设计中的构图与装饰作用

　　某酒吧入口，遵循"少就是多"的设计原则，谨慎地选择材料。设计主要通过板条木门、大理石门框、白沙、石踏步、粉墙等材料在质感肌理上的对比，来突出装饰效果。由于构图及造型单纯、简洁，加上别具一格的底部照明，使人步入入口引道时产生强烈的期待感和超凡脱俗的感觉。

彩图8-10 材料在店面设计中的运用

　　这是一家被称作"白龙馆"的欧风餐厅，其门面由六名艺术工匠共同制作而成。这一作品在木材、玻璃、瓷片等不同材料的运用上独具匠心，制作技术也非常精湛。其中由天然榉木制成的镶嵌着彩色玻璃的两扇大门有一吨重，整个入口给人一种豪华厚重感并散发着浓郁的西洋韵味。

彩图8-11 餐厅顶棚设计对外观的影响

　　餐厅顶棚的处理十分重要，特别是立面采用大玻璃窗的餐厅。走在街上，往往人们抬眼所见到的面积最大的部分就是顶棚。因此夜晚看餐馆立面，室内顶棚的灯光处理对餐厅外观影响很大。经过精心设计的顶棚和华丽的灯饰，很容易吸引顾客，给人以良好的印象。此图中一层停车场设计冷光的顶棚与二层餐厅采用暖光的顶棚形成强烈对比，突出了二层餐厅热意融融的就餐氛围。

彩图8-12 店面照明设计应用

　　利用泛光灯照明，突出建筑立面及明暗退晕效果。由于将灯布置在建筑下部，与白天日光照射的角度相反，因此给人一种反常规的特殊新鲜的印象。此外利用暖色光和冷色光的对比，将建筑的空间层次拉开，使建筑有更好的进深感。

彩图8-13 店面照明设计的应用

这是一家酒吧店面，设计者在照明处理上"惜墨如金"，只用了少量灯具来进行照明和装饰，主要通过明暗对比来突出重点。设计者把写有店名的两个灯箱用冷光色处理，并分置左右，而在门的上方用了照度较高的筒灯，突出门的木质本色，同时在门上开设不规则的小洞透出内部的暖光，使门部分的光感强烈而又活泼。整个店面照明设计效果含蓄、神秘，符合酒吧的气氛。

彩图8-14 店面照明装饰设计

日本浦安"清平"烧烤店，入口处设计简洁，墙面、门窗扇等多用成品建材十分经济。但设计者在店名招牌、菜单牌的设计上下了功夫，特别是在光的设计上与招牌配合，注意构图及装饰效果，利用光形成的线、面，加强入口立面的节奏感，并使照明突出文字。整个立面虽着墨不多但重点突出，清新文雅。

彩图8-15 突出入口营造视觉中心

与上例相似，为突出餐馆入口，将门廊延伸建在大台阶上，并选用当地的材料及民居式的建筑形式，以体现地方色彩。此外，门廊幕帘采用红色，醒目突出，认知性很强（平面图见图8-58）。

彩图8-16 把入口空间作为视觉重点

这是一设在郊外的餐厅，为了突出入口，在灯光处理上用了统一的冷色调；同时将雨罩拉出形成突出式门廊，使过路行人的视觉及早触及；地面用连续的碎石铺地，引导顾客直至餐厅深处（平面图见图8-26）。

彩图8-17 食品陈列橱窗

食品陈列橱窗用来陈列店内经营的主要食品，一般设在入口左右，橱窗顶部配有专用照明灯具。展品多为塑料仿制品。旁边标有菜肴的名称及价码，使顾客进店前对该店的经营内容有所了解，能按意愿安心地选择。

彩图8-18 店面牌匾

牌匾用来书写店名，通常置于门上方等店面中最重要的位置。牌匾的设计讲究艺术效果，并通过此点来传达店家经营的风格与特点。"酒洛"表明是一家酒店，牌匾的字体潇洒、字义意味深长，具有相当的艺术感染力。

彩图8-19 具像型招牌

某海鲜餐厅在店面高悬一巨型鱼的雕像，作为广告招牌点明餐厅经营主题，其造型生动活泼，视觉效果强烈，具有很好的识别性。

彩图8-20 招牌、广告设计实例

这是一家日本餐厅，它的建筑形式模仿江户时期民家建筑风格。设计师借用了过去民家存放粮食用的仓库上的通气塔屋的建筑形式，并将它夸张拔高，作为餐厅的广告搭。这样既保持了古建风格，又赋予了它实际的功能。塔屋上的广告、屋顶处的匾牌及入口处布帘招牌，分别照顾了远、中、近三种视觉距离，起到了很好的广告作用（平面图见图8-32）。

彩图8-21 餐饮店周边环境设计实例

这是一家名叫"花子"的餐厅，它的空间与外型如同店名一样设计得像一朵绽开的花朵。该建筑的四周留有较大的绿化空间，后方有几棵保留的大树作为它的背景。随着季节的更换，植物的色彩也变化多端，建筑物在不同的季节中被衬托得表情各异，妩媚万千。特别是夜晚被打上冷光的树丛与被暖光照射的建筑形成对比，构出一幅世外桃源似的生动画面（平面图见图8-64）。

彩图9-2 咖啡店

这是一欧洲郊外的咖啡店，设计者利用店后的临湖优势，设置临水挑台，其上摆设几组咖啡座，使人能尽量接近自然。夕阳西下时，人们在此边饮咖啡边眺望湖光山色，聆听水声鸟鸣，犹如置身人间仙境。

彩图9-1 咖啡厅

将餐厅用半高的折线状隔板进行分隔，使空间形成既连续又分隔的几个餐饮区，这种处理手法既保证了空间具有一定的开敞感，又使座席有相对的独立性（平面图见图9-8）。

彩图9-3 咖啡厅柜台内景

一般小型咖啡厅常设置开敞式厨房，柜台内侧布置水池、操作台、调制咖啡饮料的机器等，柜台外缘通常高一些，以便遮挡顾客视线。

彩图9-4 咖啡厅

该咖啡厅立面全面设计成大玻璃窗，使其具有通透和敞亮的感觉。紧靠入口处通向二层的楼梯在白墙的衬托下起到装饰作用，人们可以通过大玻璃窗看到咖啡厅的内景及人流动态。

彩图9-5 卡拉OK、酒吧单间内景

酒吧中的卡拉OK单间，一般是供人们边饮酒边唱歌娱乐的房间，要求有较好的隔声。该单间的一端设置了表演台，中间设置一些沙发座。灯光主要集中在表演区，座席区布灯较少，有意造成隐秘、幽暗的空间气氛（平面图参见9-14）

彩图9-6 酒吧入口

此景为通向地下酒吧的楼梯间，为了在进入酒吧前营造气氛、酝酿情绪，在楼梯间的墙面上绘制了色彩鲜艳、内容抽象的壁画，它有力地抓住人们的视线，使人在进入的过程中产生激动的情绪和强烈的期待感（楼梯间的左下侧为存包柜）。

彩图9-7 酒吧间的后吧

　　酒吧中的"后吧"，是空间中的视觉中心，后吧柜台通常结合展示功能成为酒吧中装饰、装修的重点，后吧上半部柜子常用来展示名贵、高级的酒及酒具，配上射灯，突出玻璃器皿的晶莹剔透。后吧下半部柜台，因在视线下，一般作普通储物之用。

彩图9-8 酒吧

　　该酒吧在灯光设计上，采用暖色光，照度选得较低，以突出朦胧感和亲切气氛，除顶部用大型装饰灯外，还沿墙壁一定间距设置筒灯，形成光的节奏感，用以装饰。座椅选择了比较舒适的沙发椅，适合人在酒吧中长时间饮酒的需要。整个空间以曲线造型统一（平面图见图9-10）。

彩图9-9 酒吧

　　这是酒吧中的一角。桌椅的造型、墙面的装饰、灯光的设置，都别出心裁、与众不同，突出了酒吧强调个性的特点（平面参见图9-11）。

彩图9-10 和风餐厅

　　该餐厅采用了比较正统的和风装修，顶棚为木吊顶，开了一些花形孔透出灯光。端部设有日本 和室中独有的"床の间"和"床脇"等装饰壁龛。座席为下沉式蹋蹋米席。条形柜台的内侧是开敞式厨房。全部设计统一协调，具有朴素、宁静的气氛。

彩图9-11 现代和风餐厅

　　这是一家现代和风风格的餐厅，设计师将日本传统的"床の间"（壁龛）进行了简化，如把龛的进深变浅，四边配以灯光，中间的字画条幅变成方形等，但仍保持了传统壁龛的韵味。此外，餐厅在用色和用材方面沿用了日本传统手法，追求安静的色彩效果及自然的素材感，只是柜台席及墙面装饰比古典和风装饰简洁，其构图和线脚趋于现代感。

彩图9-12 和风餐厅柜台席

　　在日本一些店面狭小的夹缝餐馆中，经常沿进深布置条形柜台席，柜台席的内侧是厨房，它有节省空间，与顾客间易于交流，传递服务方便等优点。

　　此图是一家小酒店的柜台席，客用柜台台面选用上等的天然木材制成，有意强调它自然的肌理和造型。座席上方的"和纸"灯罩及端部的炉灶、吊壶主要起装饰作用，以触发客人怀旧的情绪。

彩图9-13 欧风宴会厅

　　这是一家大型的欧风餐厅，空间设计较高，内部装修豪华，顶棚、墙面运用了古典的欧风线角，照明配合藻井的形式，选用了豪华吊灯，色彩浓重的地毯和窗帘衬托着白色的桌布，共同烘托出餐厅凝重而高贵的气氛。

彩图9-14 古典欧风餐厅

　　该餐厅为古典欧风风格，其藻井、柱式、拱窗、吊灯等处理得华丽而又繁简得当，餐桌椅间间距较大，既有利于服务生服务也体现出餐厅的高级档次。

彩图9-15 现代风格的餐厅

这是加拿大多伦多的一家餐厅，由于多伦多是多民族的城市，所以装修风格也表现出一种无国籍的倾向。

餐厅由低矮的曲线隔板分隔，形成流线型的空间。内装修的用材和灯光设计丰富多样，色彩浓烈，装饰性强。设计者的目的是使餐厅的气氛像游乐场一样令人感到热烈、兴奋和愉快（平面图见图9-52）。

彩图9-16 西餐厅敞式厨房

开敞式厨房在西餐厅中较为常见，顾客可在进餐的同时，观赏烹饪准备工作的各道工序和烹饪时厨师的高超手艺，厨师也易于掌握餐厅的情况。但开敞式厨房等于把"后台"搬到了"前台"，因此必须把各项工作组织得井井有条，对厨师的操作动作及卫生条件等都有更高的要求。

彩图9-17 烧烤店

烧烤桌因中间有炉灶，加上使用盘碟量大，故一般桌面较大，但桌面太大又会使人够不到中间的烧烤盘，选择时应注意适中，通常以四人桌为宜。烧烤店中，排烟设计至关重要，该烧烤店采用了四人用的下排烟式烧烤桌，吊顶中设置了送、排风空调设备。此外，餐桌上方设计了"吹拔"空间，既起到装饰作用，又可通过顶部的排气窗将上升的烟排走。将钢梁涂成红色是该店装修中的画龙点睛之笔。（平面图见图2-27、立面图见彩图8-7）。

彩图9-18 火锅店

在圆形的柜台席上设置炉灶，服务员在内侧可协助涮、烤，供应与操作十分方便。柜台席上方伞状拢烟罩除了排烟以外，还起到很好的装饰作用。

彩图9-19 自助餐厅中的食品桌

　　食品桌一般设在餐厅的中心部位或交通方便的部位。餐具、主、副食品、凉菜汤、水果等按分类和食用顺序排列。食品桌的中心部常作一些装饰处理或照明处理，以引人注目。

彩图9-20 快餐厅

　　该快餐厅的室内装修简洁、明快，地面、餐桌、座椅采用了易于清扫、保洁的材料。售卖柜台的上方设有广告灯箱，明示所经营的食品品种及价码。售卖台设计得较长，以便提供快速 的服务。

彩图9-21 快餐厅

　　该快餐厅的餐桌椅布局为岛型布置形式，U 型的柜台席最大限度的争取了座席数，并减少了走道 及工作人员与顾客之间的人流交叉，服务路线最短、最简洁，适合于多家餐饮部合营，各占一"岛"的形式。

彩图9-22 民俗小吃部

　　这是日本一家民俗小吃街，内部空间曲折迂回，模仿古时的街巷，店前张灯结彩，烘托热烈气氛。入内后人们常被店内的炊烟，食品的香味及店家的叫卖声所感染，在此可充分体会与大餐厅不同的民俗气氛和品尝独具特色的民间小吃。

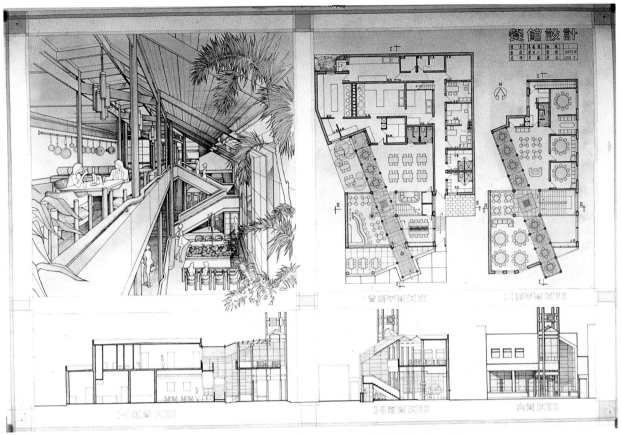

图 10-1 设计人: 姜娓娓（94级） 指导教师: 羊 熔

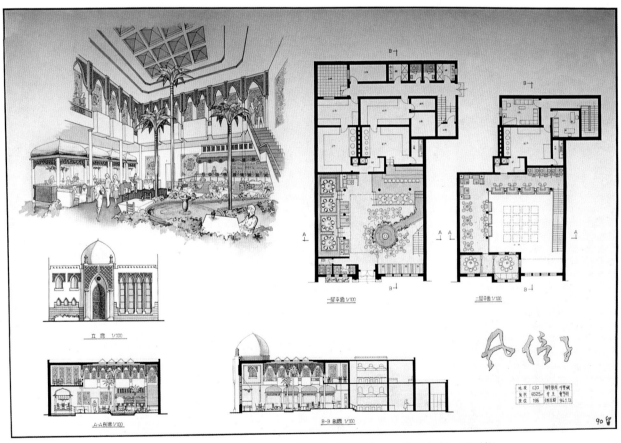

图 10-2 风信子餐厅 设计人: 曹宇钧（92级） 指导教师: 邓雪娴

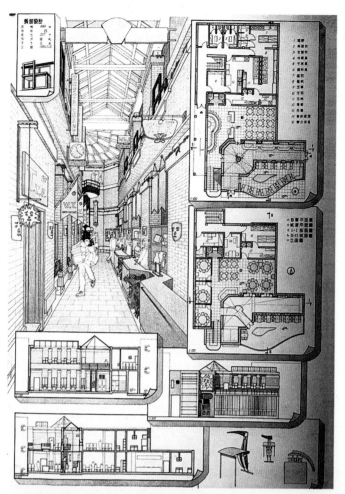

图 10-3 设计人：王 垚 （94级）
指导教师：张 利

图 10-4 四韵斋餐厅
设计人：金映辉 （94级）
指导教师：宋泽方

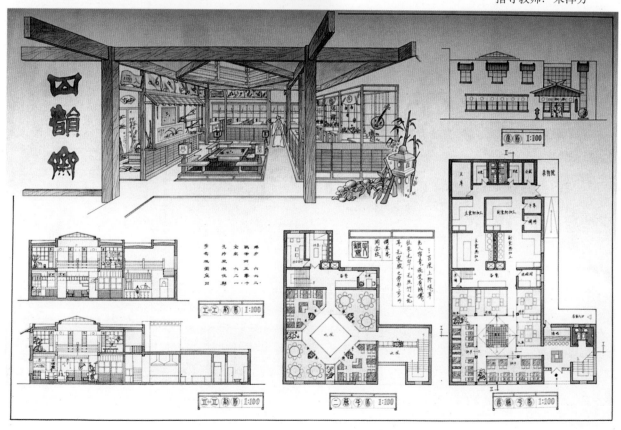

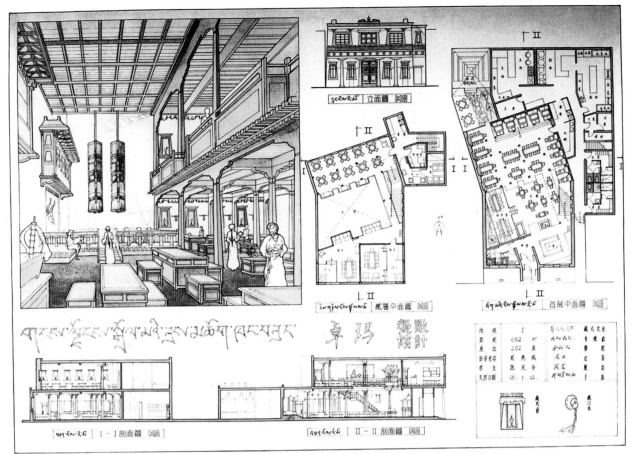

图10-5 卓玛餐厅 设计人: 陈庆华 (94级) 指导教师: 周燕珉

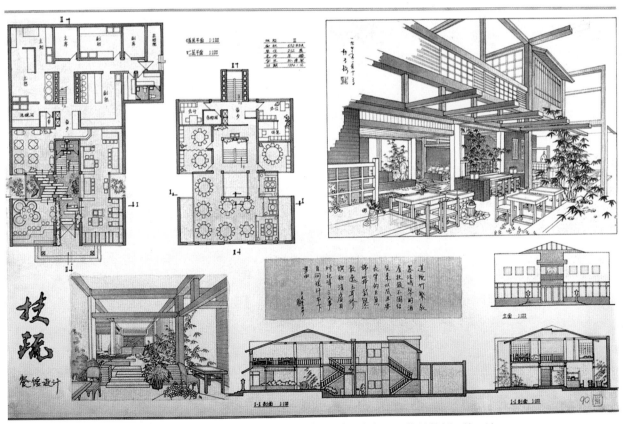

图10-6 扶疏餐厅 设计人: 孙秉军 (92级) 指导教师: 羊 嬅

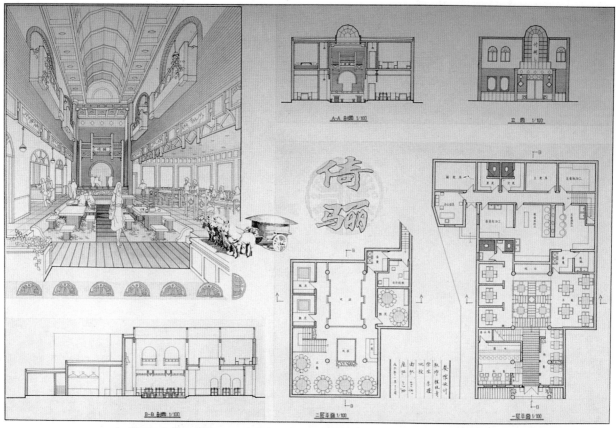

图 10-7 倚骊餐厅　　设计人: 朱 瑾 (94级)　　指导教师: 程晓青

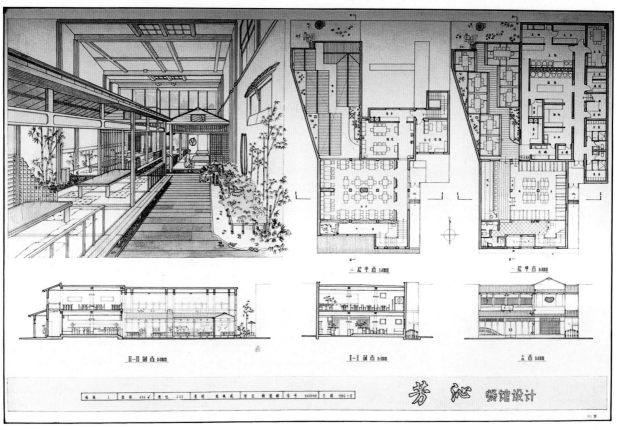

图 10-8 芳沁餐厅　　设计人: 韩慧卿 (94级)　　指导教师: 周燕珉

图 10-9 斯汀餐厅
设计人: 鲁 佳
指导教师: 宋泽方

图 10-10 约鲁巴部落餐厅
设计人: 段晓莉 (97级)
指导教师: 程晓青

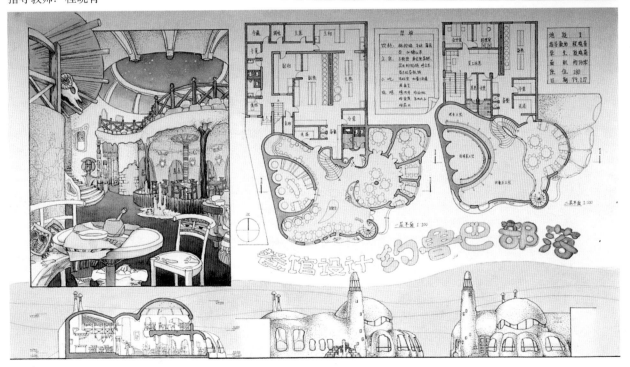

图 10-11 港的记忆餐厅
设计人: 郑　宇 (94级)
指导教师: 程晓青

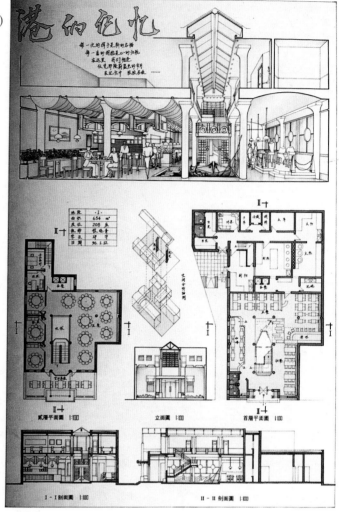

图 10-12 史前时代餐厅
设计人: 殷丽娜 (97级)
指导教师: 周燕珉

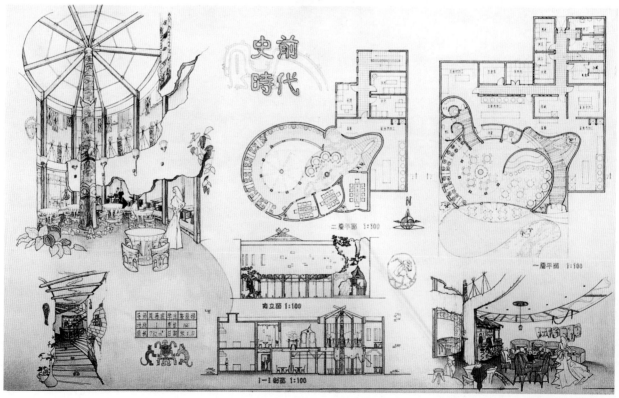

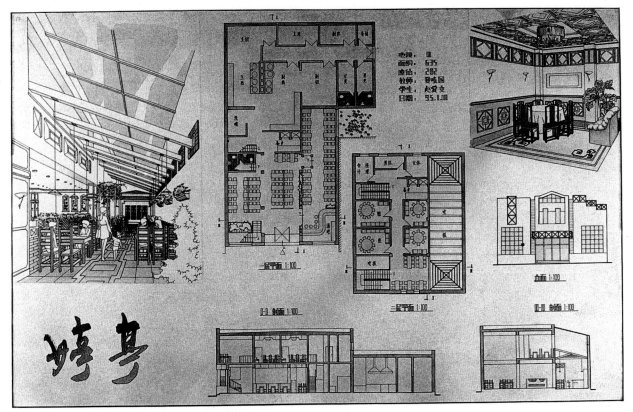

图 10-13 婷亭餐厅　　　设计人：赵爱女　　　指导教师：夏晓国

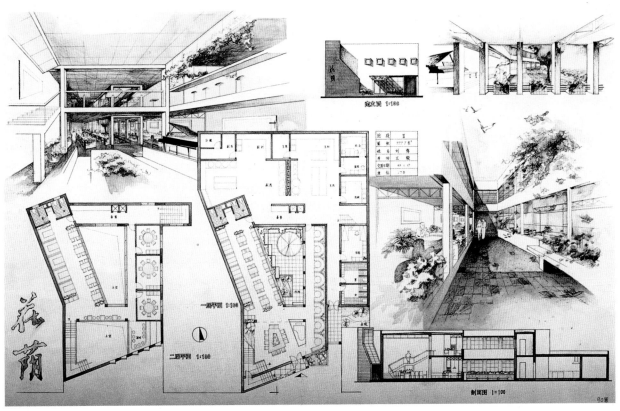

图 10-14 花荫餐厅　　　设计人：刘　霈（97级）　　　指导教师：王　毅

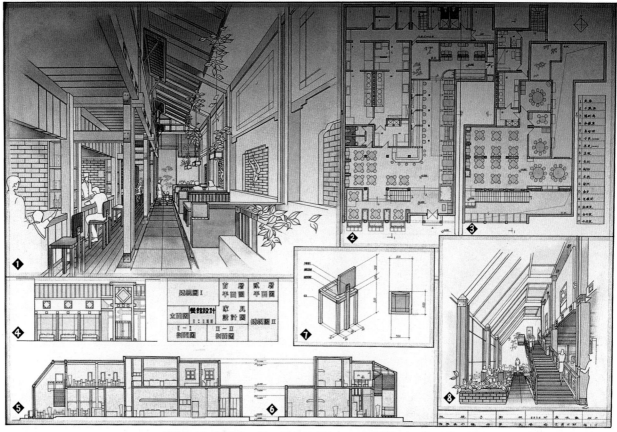

图10-15 设计人: 杨 滔 (94级)　　　指导教师: 张 利

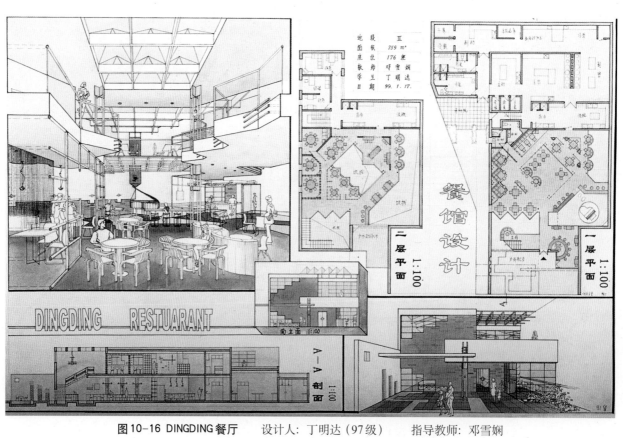

图10-16 DINGDING 餐厅　　　设计人: 丁明达 (97级)　　　指导教师: 邓雪娴

建筑设计指导丛书

餐饮建筑设计

清 华 大 学

邓雪娴　周燕珉　夏晓国

中国建筑工业出版社

图书在版编目(CIP)数据

餐饮建筑设计/邓雪娴等.—北京:中国建筑工
业出版社,1999(2022.9 重印)
(建筑设计指导丛书)
ISBN 978-7-112-03942-5

Ⅰ.餐…　Ⅱ.邓…　Ⅲ.饮食业-服务建筑-建筑设
计-教学参考资料　Ⅳ.TU247.3

中国版本图书馆 CIP 数据核字(1999)第 45534 号

本书为专门论述餐饮建筑设计原理的著作。在弘扬华夏饮食文化,分析当今饮食观念及餐饮建筑的发展动向,并简要介绍该类型建筑的基本知识的基础上,重点从构思与创意,空间设计,界面设计,光环境、家具与陈设、立面及环境设计等方面详细阐述餐饮建筑的设计原理,又以大量实例专门论述了八种专营餐饮店(酒吧、烧烤店等)的设计特点,最后选录了清华大学"餐馆设计"的优秀学生作业供参考。全书以大量优秀的国内外餐饮建筑设计实例来配合理论阐述,深入浅出,并配有钢笔画及彩图,既有系统的设计理论,又有翔实的形象内容,对建筑学专业学生有重要参考价值,对建筑师及餐饮业经营者有实用价值。

*　*　*

责任编辑:王玉容

建筑设计指导丛书
餐 饮 建 筑 设 计
清华大学
邓雪娴　周燕珉　夏晓国
*
中国建筑工业出版社出版、发行(北京西郊百万庄)
各地新华书店、建筑书店经销
北京圣夫亚美印刷有限公司印刷
*
开本:880×1230毫米　1/16　印张:14½　插页:20　字数:457千字
1999年10月第一版　2022年9月第十九次印刷
定价:**60.00**元
ISBN 978-7-112-03942-5
(9325)

出 版 者 的 话

　　"建筑设计课"是一门实践性很强的课程,它是建筑学专业学生在校期间学习的核心课程。"建筑设计"是政策、技术和艺术等水平的综合体现,是学生毕业后必须具备的工作技能。但学生在校学习期间,不可能对所有的建筑进行设计,只能在学习建筑设计的基本理论和方法的基础上,针对一些具有代表性的类型进行训练,并遵循从小到大,从简到繁的认识规律,逐步扩大和加深建筑设计知识和能力的培养和锻炼。

　　学生非常重视建筑设计课的学习,但目前缺少配合建筑设计课同步进行的学习资料,为了满足广大学生的需求,丰富课堂教学,我们组织编写了一套《建筑设计指导丛书》。它目前有:

　　《建筑设计入门》;《小品建筑设计》;

　　《幼儿园建筑设计》;《中小学建筑设计》;

　　《餐饮建筑设计》;《别墅建筑设计》;

　　《城市住宅设计》;《旅馆建筑设计》;

　　《居住区规划设计》;《休闲娱乐建筑设计》;

　　《博览建筑设计》;《图书馆建筑设计》;

　　《现代医院设计》;《交通建筑设计》;

　　《体育建筑设计》;《影剧院建筑设计》;

　　《现代商业建筑设计》;《场地设计》;

　　《快题设计》。

　　这套丛书均由我国高等学校具有丰富教学经验和长期进行工程实践的作者编写,其中有些是教研组、教学小组等集体完成的,或集体教学成果的总结,凝结着集体的智慧和劳动。

　　这套丛书内容主要包括:基本的理论知识、设计要点、功能分析及设计步骤等;评析讲解经典范例;介绍国内外优秀的工程实例。其力求理论与实践结合,提高实用性和可操作性,反映和汲取国内外近年来的有关学科发展的新观念、新技术,尽量体现时代脉搏。

　　本丛书可作为在校学生建筑设计课教材、教学参考书及培训教材;对建筑师、工程技术人员及工程管理人员均有参考价值。

　　这套丛书将陆续与广大读者见面,借此,向曾经关心和帮助过这套丛书出版工作的所有老师和朋友致以衷心的感谢和敬意。特别要感谢建筑学专业指导委员会的热情支持,感谢有关学校院系领导的直接关怀与帮助。尤其要感谢各位撰编老师们所作的奉献和努力。

　　本套丛书会存在不少缺点和不足,甚至差错。真诚希望有关专家、学者及广大读者给予批评、指正,以便我们在重印或再版中不断修正和完善。

前　　言

　　餐饮建筑是与人们生活息息相关的一种建筑类型。近年来,由于经济的高速发展和人们生活质量的迅速提高,餐饮消费明显增长,餐饮建筑如雨后春笋般涌现在闹市区、干道旁,数量大,发展迅猛。然而,其中除一部分设计质量较高外,相当多的餐饮建筑是高档装修材料的堆砌,珠光宝气,形式雷同。更有大量中小型餐饮店仍是店堂简陋、设施落后、环境差,都远远不能满足人们消费品位提高的需要。今天,人们对餐饮建筑的需求已不仅是物质上的,餐饮建筑已成为人们休闲、享受、交往的场所,其精神功能已上升为主要需求,要求环境优雅舒适,有文化品位,有个性特色,情调氛围惬意,使人从中获得精神享受。

　　目前,我国的餐饮建筑与日本、欧美发达国家相比有较大差距。预计随着经济发展和人们消费水平的提高,我国餐饮建筑将有较大发展,除新建外,更多的是对原有建筑的改造和扩建,使其适应人们的精神需求。因此,提高餐饮建筑设计的水平已是一种社会的潜在需求,我们要汲取华夏饮食文化的精华,研究当今饮食观念的转变,了解国内外餐饮建筑的发展动向,学习国外优秀的设计,研究餐饮建筑设计的特点,设计出适合当代人所需的、有文化品位的、有个性特色的餐饮建筑。

　　对建筑学专业的学生来说,"餐馆设计"是训练空间感知和构思创意的好题目。本书试图在以下诸方面给学生有所帮助:激发构思与创意,学习众多空间设计手法,加深对光、色彩和材料的理解,学习对环境和氛围的营造,掌握家具与人体尺度的关系,了解人的行为心理,提高立面和空间造型的能力,了解餐饮建筑的设计特点等等。书中介绍和评析了大量优秀国内外餐饮建筑实例,可供方案设计参考,而众多新绘钢笔画插图是学生训练基本功的益友,所选录的清华大学"餐馆设计"学生作业可供参考。

　　对建筑师来说,本书是餐饮建筑设计的专门参考书。对餐饮业经营者来说,则是进行创意策划,改进店面和室内设计,使餐饮店办出个性特色的有益的参考书。

　　本书各章编写人员

第一、二、三、四章 ⎫
第六章　第十章　　 ⎭　邓雪娴　（钢笔画:王哲、徐全胜）

第五章　第七章　　　　夏晓国　（钢笔画:夏晓国、孙捷）

第八章　第九章　　　　周燕珉　（钢笔画:姜娓娓、张雷冬、曲蕾）

目　　录

第一章　饮食文化与餐饮建筑发展动向

第一节　华夏饮食文化

在饮食观念上，西方人进食的目的侧重于身体健康，他们讲究营养学，注意食物的热量、蛋白质、维生素、纤维素等的搭配，每餐配水果、果汁，蔬菜常生拌吃，以免破坏维生素。西餐烹饪按食谱，配比定量化，有人形容其烹饪如做化学实验。全世界的麦当劳、肯德基风味如同出自同一厨师。西方人对饮食采取的是科学、实用的态度，这是追求营养的饮食观念。而中国人更侧重于追求饮食给人带来的美的享受，"一饱口福"为快，并不细究其营养组成，虽然也有食疗、养生之肴，但也都是美食，中餐给国人带来了美感和享受。黄苗子先生在客居海外时极留恋中国的豆腐，曾说："夏日从冰箱端出一盘豆腐，佐以葱盐和麻油等简单调料，便会芬芳清逸，如面对倪云林(古代大画家，美食家)的《溪山亭子》，神气为之一爽。冬日，用砂锅将豆腐轻沸，略加作料，入口轻软嫩滑，热气徐徐呵出，再小呷一口花雕酒，此则神仙中人也。"寥寥数语，把豆腐给人的美感与享受，诉说得出神入化。中国人注重从饮食生活中获得心理的愉悦和享受，这是追求饮食享受的观念。与西餐烹饪不一样，中国厨师烹饪全凭经验和感觉，从不计量，调料、火候全在厨师的运筹帷幄中，精妙而细微，难以言传，中国烹饪具有不确定性和神秘性。著名学者季羡林先生曾从哲学角度谈中、西餐，认为两者的不同与东西方的基本思维模式有关，西方是分析的思维模式，东方是综合的思维模式。对中国烹调，季先生认为"有'科学'头脑的，也许认为这有点模糊，然而，妙就妙在模糊。"

中国人为了充分享受饮食生活的美，从古到今，极尽聪明才智，使饮食生活十分艺术化，饮食生活讲究"三美"：食物美，饮器食具美，进餐环境美。对饮食采取的是艺术的态度，饮食本来是物质性的，被赋予了奇妙的文化色彩，从中享受人生乐趣，获得物质上和精神上的双重享受。远在夏商两代，统治者便懂得不仅要食美味，还要用"象箸玉杯"(象牙筷，犀角美玉雕凿的酒杯)等考究的餐具，"锦衣九重"(穿上华丽的锦衣)，到那"广室高台"，室高气爽的地方饮宴。

华夏饮食文化具有悠久的历史，一个国家和民族的饮食和饮食风尚，反映了该民族的生产水平、文化素养和创造才能，中国被世人称为"烹调王国"，中国的烹调技艺和饮食美学丰富了世界文化宝库，是人类文明的魂宝。作为一名设计餐饮建筑的中国建筑师，应该对中国饮食文化有一定的了解。从设计的角度看，中国饮食文化，大体有如下特征：

(一)中国烹饪讲究食物的"美"

从古到今，中华民族创造了众多无以伦比的美食，对什么是食物的"美"，中国人有五方面的讲究："香、味、色、形、触"。首先，"香"和"味"是首要的，调好味、散逸香。同时，又很注意食物的"色、形、触"。"色"指保持食物原料的本色(如菜蔬的嫩绿)，进行色的搭配及给菜肴上色，使菜肴色调鲜明、协调悦目。"形"指要保持食物原形(如整鸡、整鱼)，以及对食物加以造型，使其具有图案美、象形美。同时很讲究饮器食具的造型，使其烘托美味佳肴，美食配美器。"触"指食物给口腔和牙齿咀嚼时带来的美好感受，也就是口感。孙中山先生在《建国方略》中说："夫悦目之画，悦耳之音，皆为美术，而悦口之味，何独不然?! 是烹调者，亦美术之一道也"。他把饮食烹调明确列入美的创造的艺术范畴。

(二)中国菜肴命名富有文化色彩

西方菜肴命名多重物质性，如法国名菜"酒烩牛肉"、"生菜沙拉"、"烤火鸡"，其名称给人的信息是菜肴的原材料和采用的烹调方式，一目了然。而中国人给菜肴赋名重精神性，带有明显的文化色彩，名菜佳肴都用美丽的文字来命名和形容，让人产生美的联想和具有艺术意蕴，从而在席间造成一种风雅、愉悦的气氛。如以自然景物形容的：雪花酥、芙蓉鸡片、冰雪熊掌；以"形"比喻的：松鼠桂鱼、樱桃肉；以"色"形容的：

翡翠羹、琥珀肉等等。这些充满文学性与艺术性的菜肴名,寓意新奇,比喻精巧,使席间感受到一种情趣高雅的文学意境。中华饮食让你在品食美味的同时,获得欣赏和想象的综合享受。

(三)中国菜肴有鲜明的地方性

"中餐"、"中国菜"是个总称,我国烹调艺术丰富多彩,菜点众多,风味各异,实际上在中国的南北东西,菜肴各具地域特色,形成了各自的菜系。目前菜系的分法尚无统一,有称四大菜系的:鲁系、川系、粤系、苏系。鲁菜以咸胜,川菜以辣胜,粤菜以生猛胜,苏沪菜以甜淡胜。也有称八大菜系的:北京菜、山东菜、淮扬菜、江浙菜、福建菜、广东菜、四川菜、湖南菜。此外还有清真菜系,素食菜系,台湾菜系。一个中餐馆如果要上档次,有特色,一般都以经营某种菜系为主,有自己的"招牌菜",没有特色的餐馆将缺乏生命力。

每一菜系都有悠久的历史,每一菜系都有自己的特色,这是菜系成熟的标志。特色的形成与各地不同的食物原料、气候、饮食习俗及在文化历史上的地域差异等因素有关。每一菜系下又有风味各异的众多菜肴。几大菜系风格特色的差异表明中国烹饪的丰富多彩,技艺高超,善于用差别不大的食物原料,烹制出千差万别,口味相去甚远的菜肴,这是中国饮食文化的一大特色。50年代末,英国前首相麦克米伦曾说:"自从罐头问世以来,要想享受饮食文明,只有到中国去"。

(四)中华饮食历来重视餐饮环境和氛围

清初的士大夫张英著有饮食专著《饭有十二合说》,讲的是要想进餐美满,须有十二个条件搭配,这十二条实则可归纳为七个方面,即主食,副食,茗、时、器、地、侣。其中"地"指的是饮宴要美满,必须选择适宜的地点和环境,并应依四时而变,"冬则温密之室,焚名香、然兽炭;春则柳堂花榭;夏则或临水,或依竹,或荫乔木之阴,或坐片石之上;秋则晴窗高阁"。须"远尘埃,避风日。帘幕当施,则围坐斗室;轩窗当启,则远见林壑"。

唐代诗人王勃在《滕王阁序》中言"四美具、二难并",所谓"四美"指良辰、美景、赏心(指与宴者心情舒畅)、乐事(指饮宴上有可愉悦客人的文化活动),"二难"指贤主、嘉宾,圆满的饮宴须具备这六个条件。其实这六个方面指的都是餐饮的环境和氛围。

两宋时,市井饮食文化发展达到高峰,京城大道旁,茶坊、酒店、餐馆林立,但都十分注重装饰门面,精心布置厅堂雅室,给人以悦目舒适之感。在孟元老《东京梦华录》里说:"诸酒店必有厅院,廊庑掩映,排成小阁子,吊窗花竹,各垂帘幕",可见进餐环境优雅。

唐宋以来,茶楼饭馆大都选择湖边或河边,布局为园林式建筑,餐厅坐落于水榭花坛,竹径回廊之间,空气清新,气氛幽雅。

值得一提的是,中国人还认为品茶与饮酒的意境不同,应有不同的氛围。"茶如隐逸,酒如豪士","茶宜独品,酒宜交友",因此饮茶环境宜清幽,饮酒氛围须热烈。茶宜静,品茶须远离喧嚣之地,白居易说茶要在"婆娑绿树阴,斑驳青苔地"这样的幽静处。茶室有了清雅、安谧的氛围,方能体味茶之神。酒却使人精神亢奋,激情满怀,进入情感绝妙的颠峰,令历代诗人酒后创作出许多传世佳作。"酒逢知己千杯少",在推杯换盏间,增进了人际交往。酒宴气氛多热烈、豪放,甚至伴以歌舞。

可见,中华饮食历来极重视餐饮的环境和氛围,把美食和美景相结合,刻意营造相宜的氛围,使精神获得最大愉悦,将餐饮环境的文化氛围提到了与美食同等重要的地位,这是中国饮食文化一贯的优良传统。

世界文化是多元的,饮食文化也是多元的,各国各民族都有其独特的饮食文化,人类的饮食生活才如此多姿多彩。历史上,中华民族曾不断吸收外域饮食文化之所长,融入华夏饮食文化。例如进餐的方式,在两汉以前,中国人进餐用矮案承载食物,席地而坐,通行分餐制,随着西域"胡床"、"胡椅"的传入,逐渐改用高脚桌椅,变成了沿用至今的圆桌或方桌的合餐制。今后,中国饮食文化仍将吸纳世界饮食文化的精华。作为一名中国建筑师,既要了解本民族的饮食文化,还要吸取其他国家饮食文化之所长,使所设计的餐饮建筑具有精神魅力和文化价值,避免过于商业性,为人们创造出有文化品位的、优雅舒适的餐饮环境。

第二节　当今饮食观念的变化

今天,随着我国国民经济的高速增长,个人收入有了明显提高,国民生活水平正从温饱型向小康型演进。人们的饮食观念和饮食行为亦发生了很大变化,主要体现在:外出餐饮消费明显增长;饮食转向享受型、休闲型;饮食志趣多样化;有快餐化需求。

(一) 私人外出餐饮的消费明显增长

由于收入的大幅度增长,人们终于打破过去守着几十元月薪在家节衣缩食过日子的单一生活模式,消费观念发生变化。有了余钱就希望提高生活质量,讲究品味,舍得花钱去换取舒适、休闲和娱乐,追求丰富多彩的生活。其中突出一点是私人外出餐饮的消费明显增加,外出就餐,进咖啡厅,泡酒吧,已成为百姓平常事。五天工作制的实施,余暇增多,人们在双休日出外游玩、逛街、参与各种休闲娱乐活动,随之而来,在外餐饮次数自然增加。随着市场经济的发展,各种商务洽谈、应酬、交往大为增加,又往往以餐饮活动作为增进交往、融洽气氛的必要手段。生日宴、婚宴、各种聚会宴请有不少已从家中移到酒店、饭庄进行。

由于私人餐饮消费能力的日渐增强,使我国餐饮业获得了快速发展。其势头一直保持着较高的速度,1995 年全社会餐饮营业额达 1579.4 亿元,比 1994 年增长 34.4%,1996 年达 1800 亿元,比上年增长 25%左右,为全社会各行业增长前列。1997 年继续保持 20%左右的发展速度。

(二) 从充饥型转向享受型、休闲型

眼下人们到饭店餐馆进餐,已不仅仅是为了果腹充饥,普遍有以下需求:一为品尝美食风味;二为享受舒适、温馨的环境,使身心得以放松,获得休闲感;三为享受良好的服务。也就是说,不仅是物质的需要,还要精神的享受,对环境和服务有明确的要求,那种简陋、卫生状况差的餐饮店,随着生活水平的不断提高,将逐步要淘汰。

随着精神需求的提高,"休闲型餐饮"将成为新的市场热点之一。如近年兴起的酒吧、啤酒屋、咖啡厅、音乐茶座、茶餐厅等成了一种新的消费时尚,丰富了都市的夜生活,备受年轻人和文化人的欢迎。

(三) 饮食志趣多样化

今天是多元化的社会,人们厌倦单调乏味的生活,喜欢新颖、变化和多姿多彩的生活,这是社会进步的体现,人们在饮食志趣上亦趋向多样化。

有的追逐有特殊风味的饮食,以享受某种美味、饱口福为主要目的。如在海鲜楼或海鲜大排档,客人面对生猛海鲜即点即烹,吃的是个鲜活味。

有的希望体验异国他乡的饮食风情,如韩国烧烤、西部牛仔扒房、日本料理、傣家菜。而有的又喜欢某种就餐方式,如自助餐或几个人围在一起涮锅。

有的追求某种情调及氛围,如京城有的男士爱"泡"酒吧。他们认为,同是休闲娱乐场所,"吧"却比歌厅、饭店、迪厅更显浓郁的浪漫情调和文化气息:古朴的木栅栏、幽暗的灯光、异国情调的音乐、高脚凳、鸡尾酒、扎啤、无拘无束的人群……促成了一个特殊的酒吧氛围。人们在此欣赏美妙的音乐,喝酒、聊天、玩飞镖,不时接受他人的问候和塞暄,身心放松,享受到一种没有压力、轻松自如的境界。

有的出于健康趣向,关注食品的保健性及营养性。如年青女性对养颜及美容食品情有独钟,中老年人从高蛋白质和胆固醇类食品转向偏爱天然绿色食物等等。

(四) 快餐化的需求

今天都市生活和工作的节奏大大加快,使生活方式也发生变化,人们重视时间和效率,不想在一餐饭上花费太多的时间,传统意义的正餐受到了挑战。人们转向供餐迅速而经济实惠的快餐。同时,近年兴起的各种公司、合资企业往往又将后勤服务推向社会化,众多的白领阶层和生产线上的打工族十分需要便捷、卫生、价廉的快餐服务。另一方面,由于人们开始讲究生活质量,越来越多的人不愿把时间花在买菜做饭上,希望家庭服务社会化,在工余时间得以休闲和放松,希望花不太多的钱能吃上便利、卫生的食品,甚至能换换花样,调节口味。以上种种社会需求,使快餐在我国亦应运而生,并且发展迅速。这是社会经济发展到一定阶段带来的变化,就像在发达国家,伴随着现代化进程,总会有一部分饮食市场分流,走向快餐化。

对快餐的需求还有一个不可忽视的领域——高速公路旁。在我国,高速公路网的发展迅速,道路四通八达,车辆川流不息,但沿途餐饮设施却十分落后,大多是乡镇个体小店,卫生差、环境乱,就餐也不够方便快捷,更缺乏文化和文明气息,与现代化的运输极不相衬。而在发达国家的高速公路旁,沿途有许多快餐店,布局均匀,它们往往与加油站、小型超市、公用卫生间等组合为一体,快餐店内有空调、绿化、窗明几净,环境舒适,使过往客人能在此小憩,食品大多是汉堡包、热狗、冷热饮之类,快捷、方便、卫生(图1-1,彩图1-1、1-2)。我国的高速公路网也急需众多的现代快餐店,这是一个急待开发、市场前景良好的快餐领域。

此外,送餐业务也会增加,目前主要是给上班族递送午餐,送餐工具有汽车、摩托车,甚至自行车,人称"汽车快餐"、"摩托快餐",车上标有店名、电话,召之即送。预计这一消费群体仍会扩大,送餐公司将是餐饮业发展的又一形式。送餐使快餐店节省了铺面租金,扩大了营业范围,收益可观。今后,随着互联网的发达,工作方式变革,在家办公人员增加,"免费递送"将成为餐饮业占领"在家工作者"这一市场的颇具诱惑力的口号。

目前我国已有各类快餐网点39万多个,年营业额380亿元,占餐饮业营业额的1/4,可见快餐化的需求比较强劲。

不过,值得一提的是,近来西方又悄然兴起了"慢餐热",开始讨厌那种边走边吃、边吃边扔的快餐,认为进食时细嚼慢咽是一种享受,主张为人们创造一个悠闲的环境,坐下来轻松地、慢慢地享受,这是在发达国家的一种新的饮食消费时尚。目前美国快餐业增长势头微弱,从1991年起利税增长开始滑坡,远远低于70、80年代水平。从"慢餐——快餐——慢餐",反映人们的饮食观念也呈螺旋式变化。

(a)外观

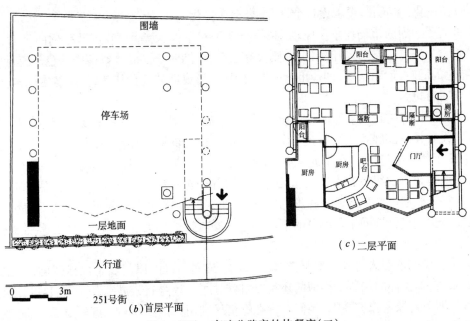

围墙

停车场

一层地面

人行道

0   3m   251号街

(b)首层平面

阳台
阳台
厕所
阳台
厨房
厨房
吧台
门厅

(c)二层平面

图 1-1(日)　高速公路旁的快餐店(二)

　　这是日本长崎高速公路旁的一个快餐店,它的选址好,一侧临高速公路,另一侧面朝海湾,景色迷人。该店造型独特,形象突出,以吸引驾车者注意。银灰色的钢柱外露,直指蓝天,柱间和顶上有红色的构架,配上白墙面、大片蓝玻璃,色彩明快,对比强烈,建筑轻盈通透,在蓝天大海的衬托下、标志性很强。建筑首层架空供泊车用,从室外楼梯可抵二层快餐厅,除了厨房旁有部分实墙外,其余几面均为大片玻璃窗,视野开阔,客人在此餐饮小憩,还能饱览海湾风光。

　　地段面积 506m²,建筑面积 128m²(首层 68m²,二层 60m²,其中厨房 4.95m²)

第三节　我国餐饮建筑发展的几个动向

（一）重视环境及氛围的设计

如上所述，随着国民生活从温饱型向小康型的演进，人们在餐饮上的消费观念已从充饥型逐步转向享受型、休闲型。消费者十分注重从餐饮中获得精神享受，而在这方面，对客人的感官情绪最有决定性影响的是餐饮的环境与氛围，尤其是室内的环境与氛围，它应该具有文化与文明的内涵，优雅、舒适、温馨，给人以某种情调的感染，使人心情放松，得以享受美好的生活和人生。

环境与氛围，是在多种因素周到配合下，共同烘托出来的综合效果。在室内，首先要靠好的室内设计，同时还要有音响、灯光、宜人的冷暖环境等的精心配合，而侍者的仪表和周到的服务、食品的形与色、饮器食具的美，都会对氛围带来影响。如果加上室外的庭园绿化、叠石喷泉，将使餐饮环境更加清新雅致。

目前在我国餐饮建筑中，有的环境及氛围搞得好，有个性特色，但相当一部分是高档装饰材料的堆砌和某种艺术符号的拼贴，模式类同，谈不上个性及整体氛围的艺术感染力。而更多量大面广的中小型餐馆更是店堂简陋粗糙，缺乏设计，已很不适应今天人们对餐饮环境的精神需求。这固然有经济水平的原因，也有认识观念的问题，这是个有待建筑师和室内设计师开发的领域。在发达国家的室内设计业中，餐饮室内设计占据显赫位置，倍受重视。日本是世界上年人均餐饮消费最多的国家（1995年达2000美元），其餐饮店极重视环境及氛围的创造，并刻意营造本店特有的风格和氛围，将其视为生财的要诀。在东京有家名为"音响街"的餐厅，室内设计成适合年轻人的新潮风格，平日是快餐店，到周末、节假日则变成可欣赏音乐与电影的新潮屋，顾客全是喜爱音乐及电影的年轻人。在东京还有家"古典"咖啡屋，用特别的竹针放音乐给客人欣赏，并展示店主精心收藏的数千张唱片、老式留声机、手摇电话机。日本还有书香餐饮店、画廊餐饮店等。在书香餐饮店内，环境气氛雅致静谧，备有报刊、杂志、书籍，供客人享用。以上种种说明，对于餐饮店来说，环境及氛围的设计十分重要，只有在环境及氛围上有了个性，餐饮店才有生命力，这也是我国餐饮店发展要走的路，这是必然的趋势，预计今后我国的餐饮店将会竞相进行改造，以其良好的室内外环境及刻意营造的某种氛围来招揽客人，这将对我国餐饮建筑的设计提出新的要求。

（二）经营特色化、多元化，要求设计个性化、类型多样化

餐馆、饮食店受激烈的市场竞争所驱动，必须与竞争对手拉大差别，有自己独到的经营，方能吸引客人。首先，菜肴食品须有自己的风味特色，否则没有生命力，同时还要处理好传统特色与流行风味的关系，在保持传统特色的同时，创新求变，创造出新的"流行味"，形成新的消费热点，使顾客常来常新，百吃不厌，因此，特色也要时常更新。

除了食品特色外，业主还在餐厅的特色化、个性化上颇费心思。如京城有家火锅店，从"曲水流觞"萌生奇想，以电动设备使一碟碟各式涮料在曲水流觞式的水槽内徐徐循环流动，客人可随意选用，既方便，又比一般火锅店多了些许情趣。上海兴起一种"超市式餐饮"，一盘盘洗净的鲜绿蔬菜和荤素菜料开架陈列，明码标价，客人像逛超市一般推着小车，自由选择菜肴，并任选一种烹饪方法，当即由厨师明炉烹制，由于经营方式独特，很受欢迎。类似的还有深圳的"海鲜超市"餐饮，室内有一条明亮清洁的海鲜超市街，客人在进餐前，还能体验到自己选购生猛海鲜的情趣。上述餐饮模式的变化，室内设计也必然要相应变化，以强化经营特色。

有的以某个特定的消费人群为主要服务对象，如"老三届"餐厅，以其农舍风格的陈设及农家饭菜，吸引老知青在此聚首，提供怀旧场所。类似的还有"球迷餐厅"、"单身贵族酒吧"等。在日本，出现了一种"购物型休闲餐饮"，服务对象是家庭主妇，她们经常在逛街后利用休闲餐厅与三五好友聊天、消遣。这类餐饮店是以营造特殊的室内环境与氛围，来吸引某个特定的消费人群。

有的则以已有服务内容为基础，增添新花样，唤起客人的新兴趣。如京城使馆区有家美国乡村式酒吧，里面有个显眼的飞镖区，每周都举办一次由使馆人员参加的镖赛，很是热闹，成了其间一道风景。

如今，又兴起"电脑茶座"、"网络咖啡屋"，客人在那里一边品茶、喝咖啡，一边玩电脑，查阅信息资料，还可以神游海内外名胜风光,或通过网络收发电子邮件,很受电脑爱好者欢迎。

北京有家"Inse 沙龙",是一家心理酒吧,环境温馨,气氛轻松,专为都市女孩创造一个场所,能在此敞开心扉,讨论轻松的话题,结识新朋友,并有心理咨询的专家参与聊天、讨论,吸引了不少女性,这又是酒吧的一种新形式。

凡此种种,都是试图以特色吸引顾客,如果特色不易被他人模仿,则经营寿命长。经营的特色化,必然要求餐饮建筑设计也要特色化、个性化。

此外,由于消费品位提高,人们的饮食志趣及需求多样化,要求餐饮业的经营方式也要多元化,以适应不同消费群体的需求。除了原来意义上的酒楼餐馆外,快餐店、自助餐、歌舞伴餐、美食广场、小吃街、大排档、超市餐饮、网络咖啡屋、啤酒屋、茶馆、酒吧、送餐公司等多种经营形式都能获得自己的发展空间。随着不断探索新特色,将会发现更多新的经营方式,使经营更向多元化发展,餐饮建筑的类型也必然会更加多样化。

(三) 经营战略大众化,有品味的中、低档餐饮店将成为设计主体

前几年经济过热,餐饮商家一窝蜂争上高档,使价位高的豪华餐馆、酒楼充斥市面,光顾者主要是富豪和公款消费。但吃顿饭一掷数千金的富豪只是社会的极小部分,反腐倡廉也使公款吃喝比重日趋减少,失去了往日的客源,使高档餐厅日渐门庭冷落,连堂堂五星级酒店,也不得不纷纷降下调子,极力向平民百姓靠拢。这到底为什么? 问题出在商家将餐饮市场的"主角"定位错了,忽视了普通老百姓才是支撑饮食界的最大消费群体,他们收入提高后,迫切需要提高生活质量。但高档化作为经常性消费,他们不能承受,而目前的低档餐饮又脏、乱、差,也不适应要求。因此,餐饮业今后的经营战略应是从高档化转向大众化,在高、中、低档兼顾的同时,以发展中、低档为主。最近几年,我国餐饮业一直保持着较高的增长速度,其原因主要是受大众化业务的推动:私人外出餐饮的消费明显增加,以工薪阶层为主的中低档、大众化餐饮市场经营红火;全国小吃热、快餐热依然不减;而高中档酒楼餐馆也调整策略,降下价位,面向大众市场,改善了经营。

但大众化不等于低档化、简陋化,更不能脏乱差。今天的大众化餐饮市场面向的已是从温饱型逐步转向小康型的广大老百姓,他们要的是大众化的饮食享受:既要舒适的环境、优质的服务、有特色的美食,又要价位合理,这是一种"享受型 + 实惠型"的消费原则。因此,今后一段时间内,有文化品味的中、低档餐饮店,将成为餐饮建筑设计的主体。其材料不必高档,但构思要有创意,环境舒适,氛围独特。

(四) "现代中式快餐店"将崛起

人们对餐饮的需求是多种多样的,如前所述,随着现代化进程的加快,国人对饮食产生了快餐化的需求。90 年代初开始,麦当劳、肯德基等洋快餐以敏锐的触角打入中国市场,率先掀起一股"快餐热",并且发展很快。受洋快餐的启迪,各类中式快餐(如"荣华鸡"、"红高粱"等)亦纷纷进入市场,参与竞争。在这一商战中,洋快餐高屋建瓴,以其质量、标准、卫生,以及舒适的环境、优质的服务和现代化的企业管理占了上风。中式快餐不敌洋快餐,并不是洋快餐多么好,其实它并不适合中国人的饮食胃口,品种单一,价格不菲,而且高热量、高脂肪、高蛋白。但洋快餐生产标准化、规模化,质量标准统一,卫生严格把关,尤其是就餐环境温馨舒适,有鲜明的异国情调,服务又热情周到,是人们休闲的场所,因而颇有市场。也就是说,洋快餐十分注重环境、卫生和服务,体现出文明和文化。如果说风味特色是人们物质的感受,那么文明和文化则是人们精神上的享受。只有物质和精神的统一才是和谐的,才能得到人们的认同,也才能最终赢得消费者,中式快餐和洋快餐的差距正在于此。

1997 年 9 月,我国国内贸易部公布了《中国快餐业发展纲要》,确定我国快餐业要以发展中式快餐为主,以现代快餐企业为发展方向,要积极推进传统快餐企业向现代快餐方向转化。

因此,从设计上,预计今后"现代中式快餐店"这种新的建筑类型将会出现,并获得发展。它的特征是现代的,不同于传统的小吃店,又是中式的,有别于洋快餐。它们将像麦当劳一样,也会以自己的快餐名牌、各自统一的广告识标、统一的店式而风靡我国闹市区、高速公路旁。

目前在各大百货商厦及购物中心兴起的"美食广场",也是现代快餐的好形式,是由香港传入内地的。在上海八佰伴、新世界,广州天河城吉之岛等商厦都设有美食广场,这是一种深受欢迎的快餐形式(彩图

1-3）。在室内"广场"的周边，花样繁多的小吃摊、美食铺一个挨一个，其烹制或是明灶，或在摊后。"广场"中间布置公用的餐桌，灯光明亮，环境舒适。客人可按自己口味在众多食摊中随意挑选，咸甜、凉热、干稀任君搭配，价格相宜，很受欢迎。美食广场可以搞成纯中式快餐，荟萃我国东西南北中的各种风味小吃，也可搞成中西合璧，云集世界各国的特色风味，如意大利面条、泰国风味等，你买你的日本寿司，我买我的云南竹筒饭，食客选择余地很大。既是大众化、快餐化，又满足人们饮食志趣的多样化。

第四节　我国餐饮建筑的市场前景

餐饮业是为消费者提供每天经常性消费的行业，其发展机遇是以社会进步和人民生活水平的提高为基础的。发展餐饮业能促进社会经济进步，增进人际交流和发展饮食文化，同时提高人们的工作与生活质量，使家庭服务和单位后勤服务走向社会化。餐饮业将随着我国现代化进程的加快，社会的进步，整体消费水平的提高而发展，这是基本的经济规律。1997年全社会餐饮网点就比刚开放的1978年猛增21倍以上，达到258.8万个，比1988年增加1.5倍。预计，今后餐饮业发展势头仍将良好，这可以从与发达国家的餐饮水平比较来看，1995年日本平均每人一年在外就餐支出2000美元左右，居世界之首，美国为950美元，欧洲为435～810美元，而我国只有124元人民币左右，约合14美元。当然，这是由于我国目前的综合发展水平尚低，但从发展趋势看，如果达到欧洲平均值622.5美元的5%水平，我国平均每人一年在外就餐支出可为31.1美元，要比现在增加1.22倍。5%是个很低的比例，如果达到欧洲平均值的10%呢？可见，我国餐饮市场的发展潜力巨大。

因此，预计今后"餐饮建筑"这一建筑类型将会有较大的发展，除了新建以外，还有相当一部分是利用旧建筑改建，侧重于室内设计和立面改造。但不管是新建还是改建，今后的餐饮建筑设计都应该突出文化品位，有独到的构思，格调高雅，环境舒适，氛围惬意，方能满足今天人们的精神需求。

第二章 餐饮建筑设计总述

第一节 餐饮建筑的分类与分级

(一) 分类

餐饮建筑的种类划分可有多种方式,由于本书是专门针对营业性餐饮建筑展开讨论的,因此按其经营内容,将餐饮建筑划分为两种类型:餐馆和饮食店。

餐馆——凡接待就餐者零散用餐,或宴请宾客的营业性中餐厅、西餐馆,包括饭庄、饮馆、饭店、酒家、酒楼、风味餐厅、旅馆餐厅、旅游餐厅、快餐馆及自助餐厅等等,统称为餐馆。餐馆以经营正餐为主,同时可附有快餐、小吃、冷热饮等营业内容。供应方式多为服务员送餐到位,也可采用自助式。

饮食店——设有客座的营业性冷、热饮食店,包括咖啡厅、茶馆、茶厅、单纯出售酒类冷盘的酒馆、酒吧以及各类风味小吃店(如馄饨铺、粥品店)等等,统称为饮食店。与餐馆不同的是,饮食店不经营正餐,多附有外卖点心、小吃及饮料等营业内容。供应方式有服务员送餐到位和自助式两种。

(二) 分级与设施

根据我国现行的《饮食建筑设计规范》(JGJ 64—89)餐馆分为三级,饮食店分为二级。

一级餐馆——为接待宴请和零餐的高级餐馆,餐厅座位布置宽敞,环境舒适,设施与设备完善。

二级餐馆——为接待宴请和零餐的中级餐馆,餐厅座位布置比较舒适,设施与设备比较完善。

三级餐馆——以接待零餐为主的一般餐馆。

一级饮食店——有宽敞、舒适环境的高级饮食店,设施与设备标准较高。

二级饮食店——一般饮食店。

不同等级的餐馆和饮食店的建筑标准、面积标准、设施水平等见表2-1

分 级 及 设 施   表 2-1

类别	标准及设施	级别	一	二	三
餐馆	服务标准	宴请	高级	中级	一般
		零餐	高级	中级	一般
	建筑标准	耐久年限	不低于二级	不低于二级	不低于三级
		耐火等级	不低于二级	不低于二级	不低于三级
	面积标准	餐厅面积/座	≥1.3m²	≥1.10m²	≥1.0m²
		餐厨面积比	1:1.1	1:1.1	1:1.1
	设施	顾客公用部分	较全	尚全	基本满足使用
		顾客专用厕所	有	有	有
		顾客用洗手间	有	有	无
		厨房	完善	较完善	基本满足使用
饮食店	建筑环境	室外	较好	一般	
		室内	较舒适	一般	

类别	级别 标准及设施		一	二	三
饮食店	建筑标准	耐久年限	不低于二级	不低于三级	
		耐火等级	不低于二级	不低于三级	
		饮食厅面积/座	≥1.3m²	≥1.1m²	
	设施	顾客专用厕所	有	无	
		洗手间(处)	有	有	
		饮食制作间	能满足较高要求	基本满足要求	

注：①各类各级厨房及饮食制作间的热加工部分，其耐火等级均不得低于二级。
②餐厨比按100座及100座以上餐厅考虑，可根据饮食建筑的级别、规模、供应品种、原料贮存与加工方式、及采用燃料种类与所在地区特点等不同情况适当增减厨房面积。
③厨房及饮食制作间的设施均包括辅助部分的设施。
④本表选自《建筑设计资料集》第5集

第二节 餐饮建筑的布置类型

餐馆、饮食店种类众多，按其布置形式、所处位置及与周围建筑的关系，大体可分为三种布置类型：夹缝式、综合体式、独立式。

(一) 夹缝式

在城市商业地段或干道旁，餐馆和饮食店穿插在其他店铺之间，鳞次栉比地布置，餐饮店的用地形状取决于左、右侧或左、右、后三侧与其毗临建筑的占地和形状，这往往是旧城区多年形成的用地格局，餐饮店就在这有限的"夹缝式"用地和空间内布局和发展，因此叫"夹缝式"餐饮店。这类餐饮店大多为中小型，是目前遍布我国城镇中数量最大的一种餐饮建筑类型，其档次多属大众化的消费水平。

夹缝式餐饮店往往只有一个立面对外，在繁华的商业街上，各式店铺千姿百态，都想取悦于顾客，餐饮店要想一枝独秀，引人注目，立面设计自然重要，需要有明显的个性特征。在夹缝式餐饮店设计中，由于用地形状不规则，空间发展制约大，设计者若能因地制宜，巧于因借，有时反而能获得独特的效果。目前这类餐饮店不少标准尚偏低，餐饮环境差，随着经济水平和人们生活质量的提高，这类餐饮店的室内环境及外立面必将相继进行改造和更新。

(二) 综合体式

在城市中心的繁华商业地段，地皮昂贵，随着城市商业中心区的改造和再开发，建筑往往向大型化、综合化发展，而与人们生活休戚相关的餐饮业也必然跻身其中，成为综合体的一部分。因此，在旅馆、写字楼、购物中心及各种多功能商厦都附设有餐馆、快餐厅、咖啡厅等，使人们在工作、生活、购物、娱乐之余，足不出楼就很方便地找到就餐、就饮之处及休憩、消遣的场所，适应现代化都市生活的需要。而多种物业的综合开发、综合经营，又在相互依存、相互促进中同时获得发展。

目前在国际上流行的购物中心的布局，是以室内步行街连接端部的大型百货商场，而在步行街上除设置中小型零售店铺外，都穿插有不少餐饮、娱乐设施，同时在百货及零售的上层，往往还设置一个大的美食广场或一条饮食街，以吸引顾客向上消费。为顾客提供餐饮及休憩场所，这是比较典型的购物中心的格局，餐饮店穿插在大型商业综合体中，成为综合体的一个组成部分(图2-1)。

而在宾馆、写字楼及各类商厦内附建的餐饮店，一般有两种布局，一种是在平面上划出相对独立的一区，位置或是在裙房，或在高层的顶部，经营的大多是正规的中、西餐或咖啡厅(图2-2)。另一种是将餐饮融入综合体的公共大空间中，例如在中庭设咖啡厅、快餐厅、自助餐厅等，用绿化、围栏、水体、阳伞等从中庭里圈出一方餐饮空间，其图案化的餐座布局，漂亮的餐桌陈设，成了中庭的点缀，而人的餐饮活动，又使中庭更加生机盎然，成为真正的交往空间(彩图2-1)。

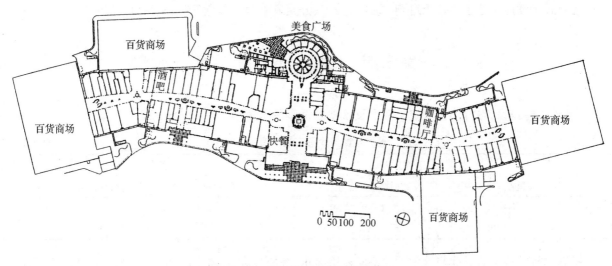

图 2-1　美国某购物中心首层平面

　　该购物中心以一条室内商业步行街连接端部四个大型百货商场,餐饮店穿插布置在步行街的各种店铺中。在主入口轴线的端部是一个圆形的室内美食广场,中间是餐座,周边是各式餐饮店铺。

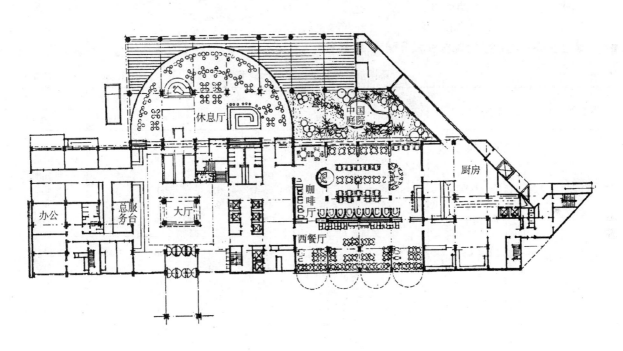

图 2-2　北京五洲大酒店 1 号旅馆首层平面

　　由于综合体的类型、规模及功能的不同,将影响餐饮店的顾客构成及经营定位。例如在香港高层写字楼区的餐饮业,中午侧重于为白领阶层提供快餐、便餐,而晚餐则经营正餐饭市,早、午后及晚餐后则经营茶楼,即“三茶二市”。在内地,一般在宾馆、写字楼的餐饮店多为高、中档,而购物中心、商住楼内的餐饮店,经营定位多为大众化。

　　综合体式的餐饮店大多没有外立面,即便有也是在服从主体的基础上做标牌广告,重点在于室内餐饮店入口的门脸设计及店堂内的餐饮环境设计。

(三) 独立式

　　指单独建造的餐馆、饮食店,大多为低层,用地比夹缝式宽敞,左右不挨着邻近建筑,有的门前有停车场,甚至水池、雕塑小品,如北京的隆博广场、丰泽园饭庄。大多有若干个餐厅、咖啡厅,有的还有卡拉OK、台球等娱乐设施。

独立式餐饮店多建于城市干道侧、高速公路旁、公园或旅游渡假点(图 1-1、3-1)。

第三节 面 积 指 标

在《饮食建筑设计规范》里规定了餐厅及饮食厅每座最小使用面积,见表 2-2。

餐厅与饮食厅每座最小使用面积 表 2-2

等 级	类 别		等 级	类 别	
	餐馆餐厅(m²/座)	饮食店饮食厅(m²/座)		餐馆餐厅(m²/座)	饮食店饮食厅(m²/座)
一	1.30	1.30	三	1.00	—
二	1.10	1.10			

根据"规范"规定的餐厅与饮食厅的每座使用面积、餐厨面积比,再加上相应的公用面积、交通面积及结构面积,在《建筑设计资料集》第 5 集"饮食建筑"中确定了餐馆的建筑面积指标(m²/座)为:

一级餐馆　　　4.5m²/座
二级　　　　　3.6m²/座
三级　　　　　2.8m²/座

表 2-3 为不同规模的餐馆面积分配表,供参考。

不同规模的餐馆面积分配参考表 表 2-3

级 别	分 项	每座面积 m²	比 例 %	规 模 (座)				
				100	200	400	600	800/1000
一级餐馆	总建筑面积	4.50	100	450	900	1800	2700	3600
	餐 厅	1.30	29	130	260	520	780	1040
	厨 房	0.95	21	95	190	380	570	760
	辅 助	0.50	11	50	100	200	300	400
	公 用	0.45	10	45	90	180	270	360
	交通·结构	1.30	29	130	260	520	780	1040
二级餐馆	总建筑面积	3.60	100	360	720	1440	2160	2880
	餐 厅	1.10	30	110	220	440	660	880
	厨 房	0.79	22	79	158	316	474	632
	辅 助	0.43	12	43	86	172	258	344
	公 用	0.36	10	36	72	144	216	288
	交通·结构	0.92	26	92	184	368	552	736
三级餐馆	总建筑面积	2.80	100	280	560	1120	1680	2240
	餐 厅	1.00	36	100	200	400	600	800
	厨 房	0.76	27	76	152	304	456	608
	辅 助	0.34	12	34	68	136	204	272
	公 用	0.14	5	14	28	56	84	112
	交通·结构	0.56	20	56	112	224	336	448

注:① 本表系根据《建筑设计资料集》1 版 1 集第 438 页所列的参考指标及现行《饮食建筑设计规范》进行综合分析后编制的。
　　② 表内除总建筑面积外其他面积指标均指使用面积。
　　③ 总建筑面积＝餐厅、厨房、辅助、公用、交通与结构每座面积分别乘以座位数之和。
　　④ 本表选自《建筑设计资料集》第 5 集第 67 页。

饮食店由于经营内容差别大,有的食品和饮料以外购成品为主,有的则自己制作为主(如粥品店),因此饮食制作间的组成内容差别很大,其大小也并非完全取决于座位数,所以,饮食厅与制作间的面积比(餐厨比)并无固定的比例,也就难以明确饮食店的每座建筑面积指标,设计中可根据该饮食店具体要求配置。

第四节　餐馆与饮食店的组成

餐馆的组成可简单分为"前台"及"后台"两部分,前台是直接面向顾客,供顾客直接使用的用房:门厅、餐厅、雅座、洗手间、小卖等,而后台由加工部分与办公、生活用房组成,其中加工部分又分为主食加工与副食加工两条流线。"前台"与"后台"的关键衔接点是备餐间和付货部,这是将后台加工好的主副食递往前台的交接点(图 2-3a)。

饮食店的组成与餐馆类似,只是由于饮食店的经营内容不同,"后台"的加工部分会有较大差别,例如以经营包子、馄饨、粥品、面条等热食为主的,加工部分类似于餐馆,而咖啡厅、酒吧则侧重于饮料调配与煮制、冷食制作等,原料大多为外购成品(图 2-3b)。

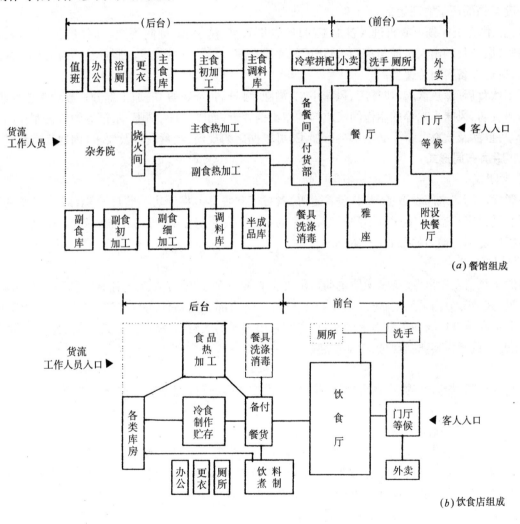

图 2-3　餐馆、饮食店的组成

第五节　厨房设计要点

一、平面设计要点

厨房是餐馆的生产加工部分,功能性强,必须从使用出发,合理布局,主要要注意以下几点:

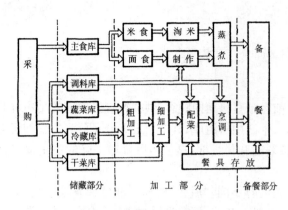

图 2-4 厨房组成及流程

（1）合理布置生产流线，要求主食、副食两个加工流线明确分开，从初加工→热加工→备餐的流线要短捷通畅，避免迂回倒流，这是厨房平面布局的主流线，其余部分都从属于这一流线而布置（图 2-4）。

（2）原材料供应路线接近主、副食初加工间，远离成品并应有方便的进货入口。

（3）洁污分流：对原料与成品，生食与熟食，要分隔加工和存放。冷荤食品应单独设置带有前室的拼配间，前室中应设洗手盆。垂直运输生食和熟食的食梯应分别设置，不得合用。加工中产生的废弃物要便于清理运走。

（4）工作人员须先更衣再进入各加工间，所以更衣室、洗手、浴厕间等应在厨房工作人员入口附近设置。厨师、服务员的出入口应与客用入口分开，并设在客人见不到的位置。服务员不应直接进入加工间端取食物，应通过备餐间传递食品。

至于饮食店（冷热饮店、快餐店、风味小吃、酒吧、咖啡店、茶馆等）的加工部分一般称为饮食制作间，而其中的快餐店、风味小吃等的制作间实质与餐馆厨房相近，而咖啡厅、酒吧、茶馆等的饮食制作间的组成比餐馆简单，食品及饮料大多不必全部自行加工，可根据店的规模、经营内容及要求，因地制宜地设计。

二、厨房布局形式

1. 封闭式

在餐厅与厨房之间设置备餐间、餐具室等，备餐间和餐具室将厨房与餐厅分隔，对客人来说厨房整个加工过程呈封闭状态，从客席看不到厨房，客席的氛围不受厨房影响，显得整洁和高档，这是西餐厨房及大部分中餐厨房用得最多的形式（图 4-16c）。

2. 半封闭式

有的从经营角度出发，有意识地主动露出厨房的某一部分，使客人能看到有特色的烹调和加工技艺，活跃气氛，其余部分仍呈封闭状态（图 4-1b、4-7b）。露明部分应格外注意整洁、卫生，否则会降低品位和档次。在室内美食广场和美食街上的摊位，也常采用半封闭式厨房，将已经接近成品的最后一道加热工序露明，让客人目睹为其现制现烹，增加情趣。

3. 开放式

有些小吃店，如南方的面馆、馄饨店、粥品店、大排档等，直接把烹制过程显露在顾客面前，现制现吃，气氛亲切。

三、热加工间的通风与排气

厨房在热加工过程中产生大量油烟、二氧化碳及水蒸汽，室内空气混浊。同时，炉灶辐射热量大，夏季室温很高，厨师长时间在高温及油烟废气下工作，十分辛苦，也有碍健康。在设计厨房时，必须把通风与排气作为重要问题，着力加以解决，同时要防止厨房油烟气味污染餐厅。在方案设计阶段，就要从平、剖面设计来解决好通风与排气问题，主要有以下措施：

1. 热加工间应争取双面开侧窗，以形成穿堂风

穿堂风的换气速度比排气天窗大 2 倍，当夏季室内外温差较小时，穿堂风会形成最大可能的换气，远远超过其他方式的换气量，当一方气流来时，在迎风面和背风面，分别产生正压和负压，促使空气流动，如果双侧开窗，室外新鲜空气就会穿堂而过，带走混浊的空气，这是最好的通风换气。利用自然通风时，侧窗面积要不小于地面面积的 1/10，并且要便于开启，否则影响通风效果。如果做不到双侧开窗，也应尽量单侧有窗，以保证通风换气。

2. 设天窗排气

大、中型厨房，应设天窗排气，必要时还可以在天窗上加风机，以提高换气速度。天窗要布置得当，当

天窗偏一侧布置时,应直接布置在炉灶上方,以利于直接排除废气和余热,否则废气会在弥漫全室后才从天窗徐徐排走,而且顶棚下某些死角会形成局部环流,经久不散。当天窗布置在中部时,炉灶上方应设排气罩,引导废气在发源地就近集中排走,以免弥漫全室,这时天窗的作用主要用于厨房的全面换气(图2-5)。天窗应朝主导风向开设,其外侧可设挡风板,以保障在外界任何风向的情况下都能顺畅排气。排气罩下部应设排水槽,以免凝结水下滴污染食物(图2-6)。

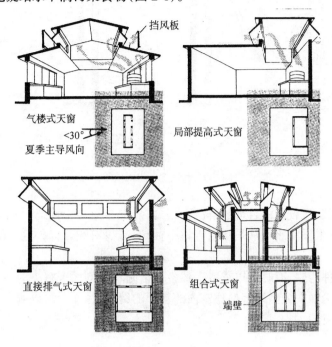

图 2-5　热加工间的剖面形式

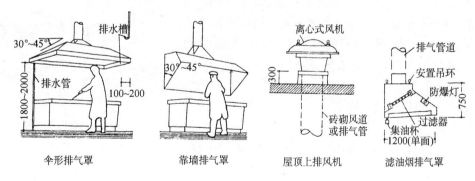

图 2-6　排气罩及风机

3.设拔气道或机械排风

炉灶上方一般都设排气罩,排气罩所收集的废气,通常通过两种方式排走:风机或拔气道。风机在大量油烟作用下,很快会布满油垢,叶片阻力大,影响排气效果。拔气道相当于烟囱的原理(图2-7),都是利用进气口与排气口的高差与温差将废气排走,抽力大、排气快,不必维修更换,长期使用效果稳定,无噪声,不消耗能源。一般用两道夹墙将拔气道与烟囱组合在一起,夹墙里按气流不同路线分隔出烟囱与拔气道,烟囱的下开口在炉膛处,而拔气道的下开口(废气进口)在炉灶上方、排气罩的范围内。两者的竖井不宜拐弯,最好直通屋面,其排气口应高出屋顶或天窗1m以上,以保证抽力。

4.将烤烙间和蒸饭间单独分隔

烤烙有明火,热辐射量大,而蒸灶散发大量蒸汽,两者对其他加工部分都有很大影响,如果将其单独分隔成小间,用机械排风将废气直接排走,可大大减少对其余加工部分的影响。对蒸气量大的加工间,还要采取措施防止结露(如屋面保温),并做好凝结水的引泄。

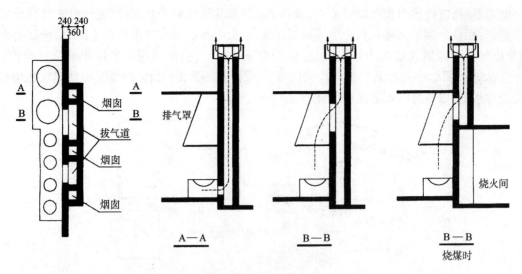

图 2-7 拔气道与烟囱平面

总之,厨房的通风问题比较经济合理的解决办法是"局部排风与全面通风相结合",即首先用排气罩、拔气道、风机等局部排风手段将废气从炉灶附近集中抽走,减少对炉灶以外区域的影响,而以侧窗和天窗解决全面通风换气。

但是由于场地和条件所限,有时难以采取上述各种措施从平剖面来解决厨房的通风问题,需要靠空调的送、排风系统来解决,例如在大型综合性建筑内的餐厅的厨房,往往无法设侧窗和天窗,只好采用这种方式,但投资高,常年运转费用大。

四、地面排水

厨房加工过程会产生大量污水,由于污水中含有大量油污,容易凝结于沟壁、管壁,造成堵塞。因此在水池、蒸箱、汽锅及炉灶等用水量较大的设备周围,都应做带箅子板的明沟来排水,可随时掀开箅子板进行清理。明沟断面要足够大。地面要有 5‰~1% 的坡度,坡向明沟。厨房污水须经除油处理后,方可排向污水管网,因此,在厨房污水出口处要设"除油井"(图 2-8),除油井应布置在室外,以免气味返到厨房。

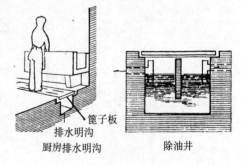

厨房排水明沟 　　除油井

图 2-8 排水明沟与除油井

五、厨房设备

目前在国际上,厨房设备已经历了四代更新,第一代是土炉、土灶,第二代是瓷砖灶台、煤气灶,第三代是不锈钢组合设备,第四代是用电脑程序控制的设备。我国目前相当一部分宾馆和大饭店的厨房设备处于第三代,个别环节进入第四代,而一般餐馆则处于第二代,部分进入第三代。由于厨房设备的配置与经营内容和投资水平密切相关,专业性强,当选用第三、第四代厨房设备时,大多由厨具公司与业主协商,由厨具公司负责工艺配置、选型和布局。

第六节　其　他

(一) 室内净高

餐厅、饮食厅、各加工间室内最低净高(m)见表 2-4。

(二) 卫生间

《饮食建筑设计规范》(JGJ 64—89)规定:"一、二级餐馆及一级饮食店应设洗手间及厕所,三级餐馆应设专用厕所,厕所应男女分设。三级餐馆的餐厅及二级饮食店的饮食厅内应设洗手池。"顾客卫生间及工作人员卫生间的设备设置分别见表2-5、表2-6。餐厅及饮食厅的卫生间设计在第八章有详细论述。

餐厅、饮食厅、各加工间室内最低净高(m)　　　　　　　　　　表2-4

房间名称	餐厅、饮食厅		各加工间
顶棚形式	大餐厅、大饮食厅	小餐厅、小饮食厅	
平顶	3	2.6	3
异形顶	2.4	2.4	3

注：① 有空调时，小餐厅、小饮食厅最低净高不小于2.4m(平顶)。

② 异形顶指最低处净高。

顾客卫生间设备设置　　　　　　　　　　表2-5

顾客座位数		≤50	≤100	每增加100
卫生器皿数				
洗手间	洗手盆	1		1
洗手处	洗手盆	1		1
男厕	大便器		1	1
	小便器		1	或1
	洗手盆		1	1
女厕	大便器		1	1
	洗手盆		1	

注：按分级情况设洗手间或附在餐厅内的洗手处。

工作人员卫生间设备设置　　　　　　　　　　表2-6

最大班人员数	≤25	25～50		每增25	
卫生器皿数	男女合用	男	女	男	女
大便器	1	1	1	1	1
小便器	1	1		1	
洗手盆	1	1	1		
淋浴器	1	1	1	1	1

注：工作人员包括炊事员、服务员和管理人员。

　　厨房功能与技术性强，在注意上述要点的同时，还应充分听取炊厨人员及业主意见，才能切合实际，方便好用。

第三章 餐饮建筑的构思与创意

第一节 成功之本

餐饮业是竞争十分激烈的行业,在闹市区餐饮店比比皆是,顾客选择余地很大,如果某家餐馆环境舒适优雅,有文化品位,你会欣然入内,如果一家咖啡屋情调温馨惬意,你会青睐。因此,有人说:"没有特色别开店",意思是说,没有特色会在激烈的竞争中败下阵来,被市场无情淘汰。据报载,1997年上海每天平均约有15家左右的餐饮店申请开业,同时每天也有10家左右的餐饮店申请歇业。可见餐饮店必须特色化、个性化,方能站住脚。而要做到这一点,当然首先是经营内容要有风味特色,美食美味,但餐饮建筑本身也必须要有新意,与众不同,环境氛围舒适雅致,具有浓郁的文化气息,让人不仅享受到厨艺之精美,又能领略到饮食文化的情趣,吃出品味,吃出风情,方能宾客盈门。

因此,餐饮建筑设计的构思与创意对餐饮店的成败,具有举足轻重的作用,应格外重视构思要巧妙,创意不落俗套,重视精神表现,这是成功之本。

第二节 构思与创意的五种途径

总的说来,餐饮建筑的构思与创意大体可以从如下五种途径入手:

一、体现风格或流派

如果按某种特定的建筑风格或流派来构思和设计餐饮建筑,将使餐饮店的形象突出,有明确的个性特征。

例如国外的中餐馆取中国传统建筑风格,雕梁画栋,小桥流水,室外高挂红灯笼,门前摆放石狮子,有的还有座金碧辉煌的牌楼,室内壁挂国画,镶嵌金光闪闪的"龙凤",供奉"财神爷"、"老寿星",餐桌椅古色古香……(彩图3-1),从里到外让人一看就是经营中国菜的餐馆。又如图3-1日本某餐馆设计为欧州传统建筑风格,由于其形象和室内风格都有别于当地众多日式餐厅,因而具有明显的个性特征。

古今中外,建筑风格流派众多,在中外餐饮建筑设计中都有应用。单是中国传统建筑风格的餐饮建筑又可设计为:明清宫廷式(如"仿膳餐厅")、苏州园林式、唐风以及各种地方风格。西洋的可为:古罗马式、哥特式、文艺复兴式、巴洛克式、洛可可式、欧洲新古典式等。还有日本和风、伊斯兰风格(彩图3-2)及其他各民族的传统特色。不想做古典风格的,可以按现代风格设计,各种流派亦繁多,如后现代主义、解构主义、光洁派、高技派,等等。目前,国内许多餐饮建筑谈不上什么风格,无明显的倾向性,大多是高档装修材料的堆砌,形式雷同,如果能抓住某种风格流派的特征来设计,做得地道,从外形到室内空间、装修、陈设、家具都能连贯体现这一风格流派,该餐饮建筑便有了明显的个性特征,具有某种文化氛围,会令人耳目一新。当然,所谓做得地道,并非一定要原封不动照搬原有风格,尤其对古典风格,往往应该对其要素进行简化、提炼,并运用当今材料,使其既有古典韵味,又具现代感。

应该指出,采用何种风格流派应与餐饮店的经营内容相吻合,饮食与环境相互烘托,方能相得益彰。例如和风餐厅应是经营日本料理的餐饮,伊斯兰风格的餐厅应经营清真风味,"马克西姆餐厅"经营正宗法式西餐,等等。如果建筑形式、风格与餐馆风味大相径庭,环境氛围与餐饮不配套,将是失败的,就好比如果在中国传统建筑风格的餐馆里吃西餐,肯定让人感到此处西餐不正宗。

(a) 外景

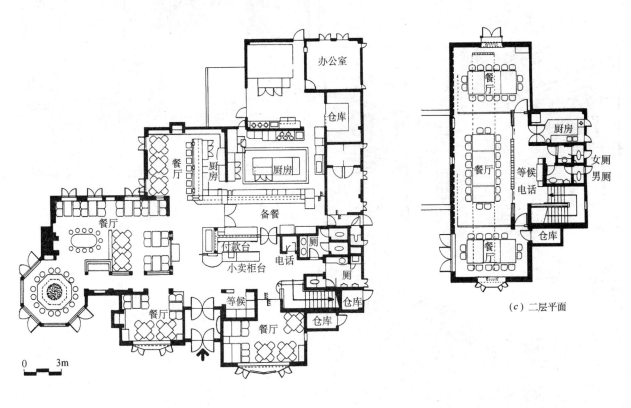

(b) 首层平面

(c) 二层平面

图 3-1(日)　仿欧洲传统建筑风格的餐馆(一)
　　该餐馆位于日本高山市新中心区的高速公路旁,建筑风格采用欧洲传统风格,但经过简化和提炼,以便与时代和当地文化协调(室内见图 3-1d、e),设计意图是要创造一个令每位客人都喜爱的场所。由于采用了有特色的欧式风格,使该餐馆有别于四周众多的日式餐厅,成为该新区首家带有特征性的餐馆,令人印象深刻。

(d) 从入口看左侧通道

(e) 从壁炉前客席看"雅间"客席

图 3-1(日) 仿欧洲传统建筑风格的餐馆(二)

  该餐馆从外形到室内都充分体现欧洲传统风格,但又经过简化、提炼,并运用现代手法和材料,既有古典韵味,又有现代感。如走廊上一片片金黄色的金属拱,寓意欧式拱廊,而木柱和简化的柱头、台座,则象征欧洲古典柱式,其他如宫廷式吊灯、墙和顶棚上的线脚、砖砌壁炉、欧式家具和陈设等,都紧紧围绕这一风格主题,格调统一。在用色上,地板、木柱、局部木墙面及家具均为显露木纹的深棕色,与白色的墙面、顶棚和门窗相互衬托,格调高雅。

二、设计"主题餐厅"

赋予某种文化主题,设计"主题餐厅",这是餐饮建筑设计成功的一条重要途径,设计人要善于观察和分析各种社会需求及人的社会文化心理。由此出发,确定某个能为人喜爱和欣赏的文化主题,围绕这一主题进行设计,从外形到室内,从空间到家具陈设,全力烘托出体现该主题的一种特定的氛围,这一餐饮店定会富有新意,独具魅力。

例如在纽约有的餐馆利用人们普遍存在的怀旧情绪,以"复古怀旧"为主题,新设了"复古餐厅",这些餐厅内部装潢效法30年代,陈设饰物古典优雅,如古董的装饰、东方色彩的地毯、以及桃花心木的门窗等,所供应食物均为传统风味,餐具一律采用古色古香的陶瓷制品,连播放的音乐也是30年代的,整个餐厅的环境氛围使人犹如回到30年代的场景,别有一番情趣。

又如在罗马尼亚布拉索夫市郊的密林中,有家"绿林好汉餐厅",该餐厅的建筑布局全部模仿古代绿林好汉宿营就餐的房屋,整个草木棚以石垒基,四周墙壁用浑圆的树干组成,大大小小的野鹿头骨、骨叉挂满四壁,餐厅中央放着一只古色古香的炉灶,餐桌全用粗木钉就,椅子上铺着兽皮,顾客身置其中,仿佛踏进古代绿林好汉的房子。

北京有家"半亩园"快餐店,其菜单以蓝作底色,折叠起来似一册线装古书,里面印有"半亩园小记"和"半半歌",令人爱不释手:"半生戎马,半世悠闲,半百岁月若烟,半亩耕耘田园,半间小店路边,半面半饼俱鲜,浅斟正好半酣,半客半友谈笑意忘年,半醉半饱离座展欢颜"。店内颇具书卷气,墙上有水墨书画,室内色彩别具一格,餐桌为古铜色镶边的墨绿色桌面。整个餐厅围绕"半亩园"的主题设计,置身其中,使人感到有一股浓郁的中国古文化的风雅之气,令客人心旷神怡,悠然陶醉,与缺乏个性的餐饮店相比,感觉大不相同。

青岛某大酒店内开了家"足球餐厅",其创意是以足球为主题,将足球文化引进餐馆——墙上的装饰品是各球队的合影照,酒柜里陈列着有国内外球员签名的足球,门前的橱窗上印着一个偌大的足球场,上有句对球迷颇具感召力的口号:"足球,我们心中的太阳,和天下球迷共圆足球梦。"餐厅主人是个足球迷,对足球颇有研究,客人在此就餐,常能听到他侃足球。餐厅内专门装上有线电视,遇有国内外赛事,这里便成了最爆满的"看台",人们边吃、边听、边看,与足球共欢乐,这在其他餐厅是享受不到的。足球餐厅的魅力在足球,而足球、赛事等所营造的特色氛围具有一种无形的凝聚力,吸引了众多的球迷及体育爱好者。而纽约有家足球餐馆干脆将餐厅布置得酷似足球场,一间间包厢位于用圆木建造的"多层看台"上,服务员身着运动装或裁判服,脚穿足球鞋,客人用餐毕还可象征性地射一次点球。

有的以地方风情为主题,如北京的"好望角餐厅"、"西部牛仔扒房"、"美国乡村酒吧"以及日本的"海上船屋"(图3-2)和以"丝绸之路"为主题的餐厅(彩图3-3)。

主题众多,设计者要充分发挥想象力,与业主共同策划,以"奇"制胜,以特色制胜,好的主题餐厅让人惊喜,产生陌生感和新鲜感,令人中意。有了主题便有个性,围绕主题精心设计,可以营造出一种特别的文化氛围。

三、运用高科技手段

运用高科技手段,使餐饮建筑和餐饮过程新奇、刺激,满足年轻人喜欢猎奇和追求刺激的欲望。

在洛杉矶有家"科幻餐厅",厅内座席的设计装修与宇宙飞船船舱一样,顾客只要面朝正前方坐下来,就能看到一幅一米见方的屏幕,一旦满座,室内就会变暗,并传来播音员的声音"宇宙飞船马上就要发射了"。在"发射"的同时,椅子自动向后倾斜,屏幕上映现出宇宙的种种景色,前后共持续8分钟,顾客一边吃汉堡包,一边体验着宇宙旅行的滋味。

在美国奥兰多有座"好莱坞行星餐厅"(彩图3-4),其外形是个30m高的蓝色大球,有12个钢架支撑,顾客通过筒形的自动扶梯来到一个圆形雨篷下。入夜,雨篷会发光,尤如飞碟降临。餐厅有两层,在几个不同就餐区分别挂着重约11t的好莱坞纪念物,有汽车、喷气式飞机座舱等,还有个大压轧机沿轨道在客人头上缓缓滑过。巨大的屏幕上不断播放经典电影的片断和流行音乐MTV,介绍著名电影明星和电影发展史。在咖啡厅,服务员装扮成人们熟知的电影角色如"美国船长"、"蜘蛛人"等为客人服务。该餐厅为人们创造了一个梦幻性的休闲场所,以视觉上的新奇和刺激,吸引客人到此游玩和用餐。

(a) 室内

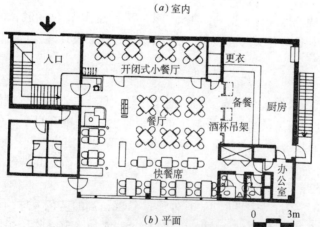

(b) 平面

图 3-2(日) "海上船屋"(主题餐厅)

　　这一"海上船屋"坐落在日本横滨的海边,首层为游客等候游船的候船厅,二层是餐厅,建筑用明快的白色和海蓝色,像只轻巧的快艇。餐厅以"航海"为主题,营造出一种游船客舱式的空间,餐厅一侧用白色的钢柱、钢平台分隔出一个亲切的餐饮空间,平台上的陈设仿佛像甲板一样,上面搁置舢板,白色的钢栏杆上挂着醒目的救生圈,"船体"上有圆形的舷窗。室内陈设都与"航海"主题有关:例如有船舵、木桅杆、风帆、缆绳以及餐桌上白、蓝两色相间的方格桌布等等,都给人以在海上航行之感,亲切而愉悦。

四、餐饮与娱乐结合

把餐饮与游玩、娱乐结合,将增添餐饮情趣,为客人喜爱。

如在北京龙潭湖公园西侧,有家"京华食苑",门前有高高竖起的一根仿古大旗杆,一座仿宋的大牌楼,一只高3.18m、长4.58m硕大的铜雕大茶汤壶,烘托出老北京喜闻乐见的民俗风情,成为京华食苑环境特色的鲜明标志。食苑里有三座仿古亭台,亭下是三个老北京的大型烤肉的炙子台,客人围着炙子台,脚蹬长条板凳,一手把酒,一手舞动二尺长的粗筷子自己烤肉吃,炉内红火熊熊,食客汗发酒酣,为已经失传多年的老北京人这种"武吃"烤肉的方式提供场所,别有一番情趣。在食苑里,人们可享受到在大枫树下、龙船上或四面环水的水榭中就餐的乐趣,食苑还将餐饮与垂钓结合,客人垂钓所获,餐厅当即给予烹制,令客人其乐融融。

在成都的高档茶楼,有专人用钢琴弹奏西洋古典乐曲,让人边品茶边欣赏音乐。这里有海外华人爱喝的"泡沫红茶",该茶采用调制鸡尾酒的方法调制,注重色、香、味,其色有黄、绿、红、白,香型有酒香、果香、花香,起名浪漫,诸如"伯爵红茶"、"玫瑰红茶"、"浪漫红茶"等。整个茶楼气氛高雅,环境舒适。专门吸引收入较高的社会名流、著名艺员、企业家到此,或切磋技艺,或洽谈生意,或消遣轻松。

其实,"餐饮+娱乐"这一观念早在20多年前已在欧美产生,当时在加拿大出现了世界上第一家"运动休闲式餐厅",将餐饮与运动、休闲结合。如今这一餐饮建筑类型已与快餐店、咖啡厅和豪华餐厅共同构成了流行于欧美的四大餐饮建筑类型。

在北京西单民航大楼内开设的"詹姆斯餐厅"(中国内地、加、港合营)就是运动休闲式餐厅,该餐厅比一般餐厅增添了运动和娱乐的内容。在餐厅的北侧有篮球场和舞厅,楼上有台球厅、飞镖厅、卡拉OK厅,散布其间有300多个餐位。这里既荟萃了西方各国著名美食,又是休闲乐园。用餐时可以听到悦耳的音乐,可以看到其他客人翩翩起舞、打篮球、台球和玩飞镖,您用餐完毕后,也可以像其他客人那样尽情娱乐。这里是球迷们聚会的好去处,年轻人轻松休闲的好场所。

"餐饮+娱乐"这一构想是顺应当今人们生活观念的产物,今天人们对餐饮已从单纯的生理需求,转变为将餐饮作为一种休闲、消遣和享受。而且,人们喜欢多元化,希望生活丰富多彩。因此,把餐饮这一享乐方式与其他娱乐方式综合到一起,正好迎合了人们喜欢多样化,追求新颖、方便舒适的美好生活的愿望。这样一来,从设计来说,已不单纯是设计餐饮建筑,而是餐饮建筑与娱乐(或体育)建筑的综合体。

五、经营的创意

德国波恩有家"木偶餐厅",老板特意制作了一批提线木偶,由专人操作、配音,用他们担任服务员。顾客步入餐厅,即有一木偶服务员侍立桌边向您问好,遇到心情不好的人,它还会坐在一旁陪同谈笑解闷。

在智利首都圣地亚哥有家用小动物当侍者的餐厅,老板只雇收款员和厨师,其余侍者是训练有素的小动物。顾客进门,两只鹦鹉便用英、法、西班牙语说"欢迎光临",接着一只猴子主动上前,很有礼貌地比划着,将顾客脱下的衣帽送到衣帽间,由一只长耳狗叼着菜单请您点菜,不久猴子会把食物送来,摆到餐桌上。用餐毕,猴子会及时将顾客存放的衣帽送回,并手托盘子要小费,令人忍俊不禁。

在丹麦有家"当面烹调餐厅",该餐厅没有厨房,厨师当着顾客的面,用电炒锅烹煮菜肴,当场装盘上桌,使顾客观赏到各种烹调技艺,大开眼界,吸引不少顾客。

在美国公路旁的"汽车餐厅",十分方便旅行者就餐,餐厅外有停车场,约有10到20个停车位,上有遮阳挡雨设施,想用餐的旅行者只需把车开进停车场,根据张贴的食谱,通过装在这里的对讲机向餐厅点菜,侍者会将食物送来,旅客不必下车便可用餐。

美国匹兹堡市朱利奥餐厅是家"让顾客定价的餐厅",顾客根据自己对饭菜的满意程度付款,无论多少,餐厅都不表示异议,如顾客不满,可分文不给。这一新奇定价法,使拥有34个座位的朱利奥餐厅成为当地一个热点,营业收入月平均增长曾为25%,但也有极少数顾客的付款大大低于原定价。

美国的康涅狄格州有家书报餐馆,老板是个书迷,餐厅四周摆满书架,书架上图书应有尽有,餐桌上还摆放几种报纸,由客人随意阅读,餐馆生意十分兴隆。

在美国丹佛市有家名为"静一下"的四星级餐厅,独特之处是有两个并排的门,门上分别挂有"儿童部"

和"成人部"的金属牌。凡带孩子来用餐者，先走进"儿童部"门内，这里的装修和摆设都根据儿童特点，墙壁为鲜黄色，一排1m来高的架子上摆满布娃娃、积木、飞机、坦克等各种玩具及卡通画册，靠墙还放有多台电脑游戏机和一台大屏幕彩电。父母将孩子交给"儿童部"的保姆后，便可以从原门出去，走进"成人部"的门，这里才是专为成人设计的餐厅，在与"儿童部"相连的那面墙上，装有大片玻璃窗，用的是镜面玻璃，父母进餐时，可以看到自己孩子在儿童部吃喝玩耍的情景，而孩子却看不到父母。这一餐厅使父母和孩子各得其所，父母可以在宁静而罗曼蒂克的气氛中细细品味美味佳肴，不必为照顾孩子而手忙脚乱，食不知味。餐厅老板是对夫妇，深知大人带孩子外出用餐的苦衷，如果选择适合父母品味的餐厅，孩子会兴趣索然而烦闷，而如果选择孩子喜爱的餐厅，大人又有置身马戏团之感。经营者细心体察到这种在一般餐厅难以两全的矛盾，构想出这个两全其美的餐厅，深受顾客欢迎。

当Internet刚出现时，蓬皮杜文化中心就以前卫的意识率先在该中心的售票区设了个"网络咖啡屋"（彩图3-5）。咖啡屋虽小，只有120m² 和18台电脑，但代表了新时尚，深受网络爱好者欢迎，最多时每天接待1200人。如今，这种咖啡屋的形式也在我国风靡起来。而美国的一位经营网络咖啡屋的老板发现，来店的客人一上网就是几小时，实际销售的食品并不多，便萌发出将咖啡屋与软件零售结合的点子，建起一座"咖啡屋＋网络＋软件销售"三者综合营销的咖啡屋（彩图3-6），并打算在全美建立一批这样的连锁店，创造出一种最新的适应信息时代需要的咖啡屋形式，客人在舒适优雅的环境中，在香浓的咖啡陪伴下，到网络世界漫游，同时在此还能了解和交流最新的软件信息，并很方便地买到需要的软件。

北京近年出现一种"茶艺馆"，目前约有50多家，室内大多陈设书画及各种工艺品，或是主人的各种珍藏，有独特的文化韵味，格调高雅，环境清幽，古色古香，吸引了众多品茗爱好者。馆内阵阵茶香袭人，人们在此品茶会友，与三、五好友聊天，清静而悠闲，为不便在家待客者，提供一席之地，在都市的快节奏中，为人们提供稍事休憩的港湾。其中有家茶艺馆的主人精通陶艺，除了在馆内陈列各种陶艺品供赏玩外，还摆放制陶工具，您到此饮茶的同时，还能学做陶艺，令人兴致勃勃，跃跃欲试，客人在此得以把玩泥巴，仿佛回到了孩童时代。你做好的陶艺，茶艺馆负责烧制，一周后便可拿到烧好的你亲手做的陶艺制品，令客人十分开心。

凡此种种，都是在餐饮经营上搞创意，是业主试图别出心裁，用各种花样来取悦顾客。在这方面，由于与经营有关，首先要靠经营者策划，但设计者对这一策划要加以充实和发挥，通过设计为业主的特色经营提供充分施展的环境和场所，并烘托出相应的情调和氛围。

从以上各例可以看出，构思和创意是整个餐饮建筑设计的灵魂，首先要发挥丰富的想象力，巧于构思，产生创意，以创意来主导整个设计，方能产生别具一格的餐饮建筑。值得指出的是，在创意阶段，一开始我们不要把注意力集中在使用功能或技术问题的细节上，被某些具体问题所束缚，否则，只能得到平庸的设计。应该让想象力充分驰骋，从而获得独特的构思和创意，再以理性思维加以落实和调整，使其既满足使用功能所需，技术上又可行，让创意能付诸实现。也就是可以先有"不切实际"的畅想，再逐步使畅想"切合实际"，才能创造出不落俗套的作品。其实，这也是其他建筑创作应有的一种思维方式。

第四章　餐饮建筑室内空间设计

在人们进行餐饮活动的整个过程中,室内是餐饮者停留时间最长,对其感官影响最大的场所。餐饮建筑能否上档次,有品位,能否给客人以良好的心理感受,主要倚仗于成功的室内设计。因此,室内设计是餐饮建筑设计的重点所在,故本书先从室内设计入手,阐述餐饮建筑设计的基本原理,然后讨论立面设计及环境设计等问题。

餐饮建筑与其他建筑一样,其室内设计主要由四部分组成:①空间设计;②界面设计;③家具与陈设设计;④光与色的设计。今天,室内设计的观念已从过去的单纯对墙、地面及天花的二维装饰,转到三维的室内环境设计,而室内环境的营造,主要通过上述四方面的设计来形成。在这四部分中,空间设计是整个室内设计的基础,餐饮建筑尤其强调要先进行空间的划分与组织,在此基础上再进行其余三部分的设计。界面设计是指对围合和划分空间的实体进行具体设计,即根据空间的不同限定要求和对围合和渗透的不同需要,来设计实体的形式和通透程度,并根据构思的需要来设定实体表面的材质、质感与色彩。在空间设计和界面设计的基础上,进行家具和陈设的设计,界面、家具和陈设都是营造环境气氛的重要手段。至于光与色的设计,则贯穿于室内设计的全过程,例如,如果要从顶部引入自然光,就应在空间设计时精心推敲剖面,而色彩设计自始至终与界面设计、家具和陈设设计、色光设计等同步进行。这四部分设计的关系紧密,相互影响,往往在相互穿插,不断调整中方能使室内设计逐步趋于完善。当然,统领这四部分设计的灵魂是构思与创意,由于构思和创意的不同,其空间设计、界面设计、家具与陈设设计、光与色的设计会迥然不同。只有有了好的构思与创意,并始终贯穿于上述四部分设计中,方能创造出良好的室内餐饮环境及营造独特的氛围和情调。

下面将对室内设计的四个方面分章节展开讨论。本章首先论述室内空间设计问题。

随着生活质量的提高,今天人们光临餐馆、茶楼、咖啡屋、酒吧等餐饮建筑,除了满足物质功能以外,更多的是为了休闲、交往、消遣,从中体味一种文化以获得精神享受,餐饮建筑应该为客人提供亲切、舒适、优雅、富有情调的环境。因此,其室内环境的精神功能已上升为设计的首要追求目标。而空间设计是整个室内设计的基础,美国建筑大师赖特(F·L·Wright)曾指出:"一个建筑物的内部空间便是那个建筑的灵魂,这是一种最重要的概念。"可见,空间的塑造在室内设计中具有举足轻重的作用。

空间设计是个三维概念,它将餐饮厅的平面设计与剖面设计紧密结合,同步进行。餐饮空间的划分与组织,是餐厅、饮食厅平面及剖面设计之本,平面及剖面设计只是空间设计的二维表达,离开空间设计而孤立进行平面设计,将使设计缺乏整体连贯性,无法达到大中有小,小中见大,互为因借,层次丰富的餐饮空间效果。因此,本书将餐饮厅的平面、剖面设计融进空间设计中讨论,并配合实例加以分析。

第一节　餐饮空间设计的原则

一、餐饮空间应该是多种空间形态的组合

设想一下,我们如果在一个未经任何处理,只有均布的餐桌的大厅,即单一空间(如食堂餐厅)里就餐就饮,该是何等单调乏味。如果将这个单一空间重新组织,用一些实体来围合或分隔,将其划分为若干个形态各异、相互流通、互为因借的空间,将会有趣得多。可见,人们厌倦空间形态的单一表现,喜欢空间形态的多样组合,希望获得多彩的空间。因此,餐饮建筑室内设计的第一步是设计或划分出多种形态的餐饮空间,并加以巧妙组合,使其大中有小,小中见大,层次丰富,相互交融,使人置身其中感到有趣和舒适(图4-1)。

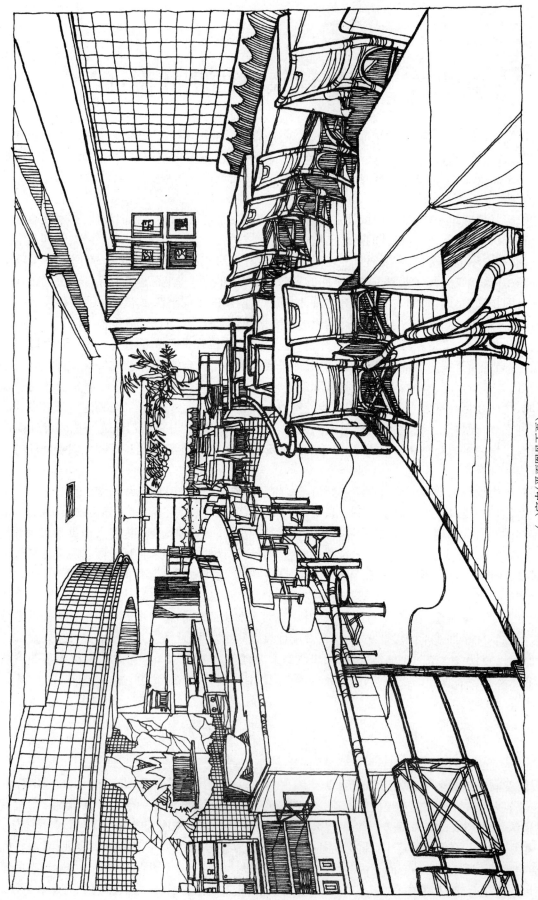

（a）室内（平面图见下页）

图 4-1(日) 具有多种空间形态的餐厅(一)

26

该餐厅建筑面积 310m² (含厨房 52m²)，通过室内空间设计，将其划分为几个形态各异、亲切宜人的小餐饮空间，它们之间既有分隔，视觉上又相互流通，使店内空间富于变化。画面近处将地坪抬高一步，并采用不同材质，加上金属栏杆的分隔，将这一小空间从整个餐厅中明确限定出来，尺度亲切温馨，但又能纵观整个餐厅环境，感受整体空间氛围。右侧靠墙的餐座以 U 形实墙三面围合，并将顶棚局部降低，形成安静舒适的小餐饮环境。吧台上方用降低的弧形顶棚明确限定出吧台空间，画面远处以各式高矮隔断、顶棚高度及地面材质的变化，分别划分出几个不同的餐饮空间，它们既相互交融，又有自己明确的领域。

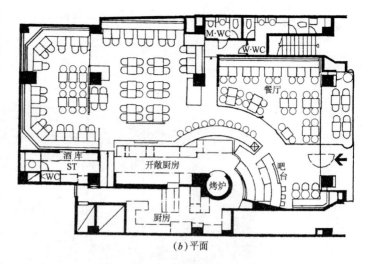

(b)平面

图 4-1(日)   具有多种空间形态的餐厅(二)

二、空间设计必须满足使用要求

建筑设计必须具有实用性。因此，所划分的餐饮空间的大小、形式及空间之间如何组合，必须从实用出发，也就是必须注重空间设计的合理性，方能满足餐饮活动的需求。尤其要注意满足各类餐桌椅的布置和各种通道的尺寸，以及送餐流程的便捷合理。

三、空间设计必须满足工程技术要求

材料和结构是围隔空间的必要的物质技术手段，空间设计必须符合这两者的特性。而声、光、热及空调等技术，又是为空间营造某种氛围和创造舒适的物理环境的手段，因此，在空间设计中，必须为上述各工种留出必要的空间并满足其技术要求。

下面将具体阐述空间设计问题。虽然在前面谈过，人们喜欢的餐饮空间是多种空间形态的组合，但这种空间又是由各式单一空间组合而来。因此，有必要先从单一空间开始，研究其构成规律，在此基础上，再研究如何将它们组合成多种形态的空间。

研究单一空间时，我们参照美国弗郎西斯·D.K.钦在《建筑：形式·空间和秩序》(邹德侬   方千里译)一书中，对"空间限定"的论述和所采用的分解方法，结合餐饮空间设计来具体讨论其构成规律，即如何用实体来限定各种餐饮空间。

第二节   空间的限定

餐饮空间与其他空间一样，由实体(墙、地面、顶棚、柱、隔断、家具、绿化等)围合而成，这些实体限定了空间的形状与大小，没有实体的限定，空间便不复存在。因此，有必要从实体开始，研究其如何限定空间，有什么规律性。围合空间的实体其形态可千变万化，式样繁多，但实际上都可归纳为两类，即水平实体(如地面、顶棚)及垂直实体(如墙、列柱、隔断、家具等)，对这两类实体的不同处理和变化，造就出形态各异、精彩纷呈的无数餐饮空间。下面分述这两类实体是如何限定各种空间类型的。

一、用水平实体限定空间

用以限定空间的水平实体，因其所处位置不同，可分为底面及顶面两种。

生活中最简单的用底面限定餐饮空间的例子是，几名郊游者在草地上铺上一块地毯，这块地毯便从本来属众人所有的草地上，限定出一个只属于这几名郊游者的空间，他们可在其上休憩和野餐，陌生人是不会进入这个空间的，否则会很尴尬。同样，在草地上支起一把太阳伞，作为顶面，也从上方限定出罩在伞下的空间，在其间就餐或喝冷饮，将是很惬意的(图 4-2)。

图 4-2 用顶面限定空间

用拱形的顶面,从周围环境中限定出罩在其下的一个餐饮与休憩空间,旁边的花池对该空间的范围又进一步加以限定。

(一) 底面对空间的限定

要用一个底面从周围地面中限定出一个空间来,这个底面必须在图形上比较特殊,例如以一种特别的图案显示出与周围地面的不同,或者在色彩上、质感上有别于四周地面,这个底面便从周围地面中限定出一个特定的空间范围(图 4-3),这个底面其图形的边界轮廓及图案越清晰,或与周围地面的色彩及质感对比越明显,它所限定的空间范围就表达得越明确。这种手法常用来在餐饮建筑设计中,以不同材质的地面来划分就餐空间与交通空间,划分吧台与咖啡座,或划分其他不同的餐饮空间(图 4-4)。也常在餐厅地面

图 4-3 用地毯限定休息空间

本例是以铺地毯的方法,在一个大空间里界定出一个休息空间。暗红色底、带条形花纹的地毯与周围浅色的、光滑的石料地面形成对比,由于在色彩、图案及质感上明显有别于四周地面,从而在地面上明确限定出这一休憩空间。

(a) 室内

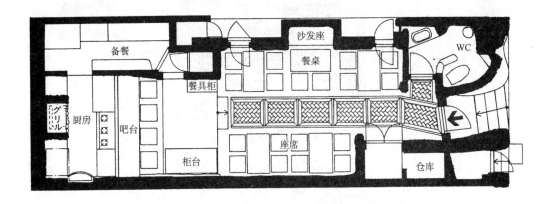

(b) 平面

图 4-4 将地面做不同处理来划分空间

　　该餐厅将中间的铺地图案、材质及色泽与两侧地面做不同处理,使交通空间与两侧就餐空间明确区分。正前方将地面抬高一步,并改变材质做红色木地面,又在上方做一较低的蘑菇状顶面,在壁炉前限定出一个小餐饮空间,暖意盈盈。三个空间既交融在一个大空间里,又各有情趣。所用材质多为天然:草顶、毛石墙、稻壳泥巴粉刷墙、粗糙的原木梁枋、砖漫地,使餐厅充满纯朴的农家情趣。

中央做一特别图案,以显示所限定出的中间空间的显要或瞩目(图 4-15,4-41),例如供卡拉 OK 厅作舞池用,或突出餐厅中的重要就餐空间等。

如果将一个底面从周围地面中抬起,便从视觉上将该范围从周围地面中分离出来,这个底面所抬高的这一范围,将在大空间内又限定出一个空间领域。抬起的部分其边缘如果从形式上加以变化,如做栏杆或翻边,或边缘的色彩及材质有所变化,那么这个范围便成为一个有明显区别的平台,从周围地面中区别出来。这种手法常用来在一个大空间里将局部地面抬高以划分不同的餐饮空间,它们在视觉上是流通的,但又增加了空间的层次感。

抬高的底面随着抬高的高度不同,将产生不同的空间效果。如果底面只略为抬高一、二步(图 4-5、4-6),则该空间虽然已被限定和划分,与周围空间已有所区别,但仍可视为整体空间的一部分,并打破了原有空间的单调感。一般说来,当抬高的高度只有几十厘米时,所抬高部分与周围空间是流通的,视觉是连续的(图4-7、图 4-8)。当底面抬到人视线以下的 1m 多高时,虽然视觉仍可连续,但该空间已从周围空间中明显划分出来,独立性加强。当底面抬高到人视线以上后,所形成的空间与周围空间无论在视觉上或空间连续性上都被中断,该空间已作为一个独立的空间而存在,常见的如共享空间里的夹层餐厅、天桥等(图 4-9)。

图 4-5　将地坪逐级抬高,划分空间

这里虽然是餐厅的一角,但空间设计却十分细致和用心。首先将顶棚局部抬高,在交接处以柔和的暗槽灯将高起的顶棚照亮,从周围环境中明确烘托出角这一餐饮空间,又用通长的高椅背和端部的矮隔断将此处分隔为左、右及端部三个不同就餐区。同时将右侧客席的地坪逐级升起,用火车座式椅背分隔,进一步划分出几个以餐桌为单元的小空间,领域感好,既满足客人对私密性的需求,又不失空间的流通感,既能感受大空间的氛围,又有小领域的温馨惬意。

(a)室内

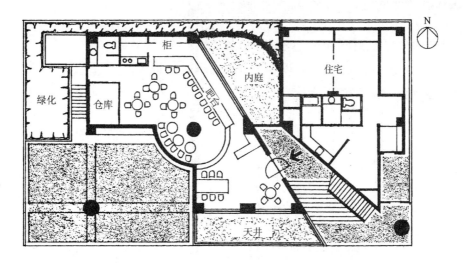

(b)平面

图 4-6　地面抬高划分空间,独立柱分隔空间

　　这是一间只有38个座位的小咖啡馆,位于半地下室。店虽小,仍着意创造不同形态的空间,把靠里面的地坪抬高两步,将店划分为前后两个空间,前部透过大片玻璃可观前庭,感受外界阳光、街景。后部避开城市喧嚣,较为僻静,中间的圆柱成了该空间的中心,以它为界定,又细分出三个布局各异的、适应不同客人组成的小空间。咖啡店虽小,却能在氛围上给人以不同的空间感受。

(a)室内

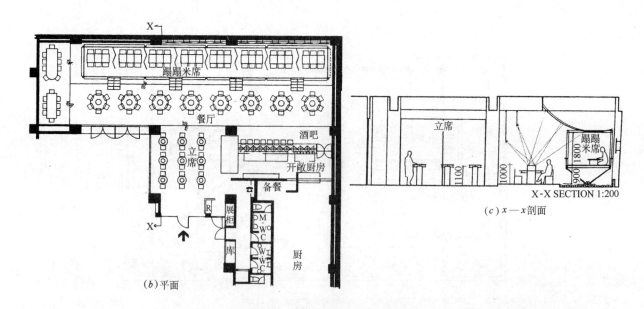

(b)平面

(c) x—x剖面

图 4-7(日)　西院啤酒屋

　　这间啤酒屋以一组悬空 90cm 的木构架、吊挂的布幕顶,在靠墙侧形成一个特别的就餐空间,又用灯光照亮木地板下的石头,增强了地板的悬浮感,使这一空间颇具趣味性。餐桌之间用一道道屏风式矮隔断分隔,使每一餐桌都有自己明确的空间领域。中间 8 张餐桌上各有一特制的水盘,能发出 8 种不同声调,悬挂的射灯照射着水盘,在幕布上形成摇曳的光影,扑朔迷离,使餐厅有种令人好奇的新鲜感。

(a) 室内

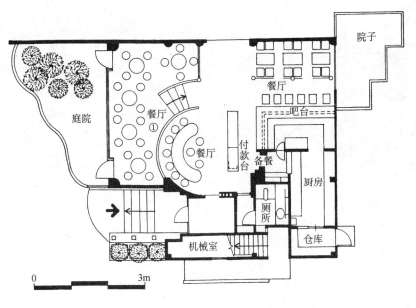

(b) 首层平面

图 4-8(日) 将地坪做不同标高,划分空间

　　这是个郊区型餐馆,地势低洼,场地低于左侧的公路及周围地段。为使餐馆向外有良好视野和舒适的环境,将室内地坪设计为两个标高,前面利用原有低洼地形,使餐厅①面向一个用挡土墙围合的绿化庭园。后部将地坪抬高 4 级台阶,向外获得良好视野,这部分又细分为三组客席,画面左侧客席用一列装饰柱围合,右侧客席用圆弧状栏杆围合,吧台处将顶棚局部降低,限定出吧台空间。通过巧妙设计,创造出形态多样的、舒适的餐饮环境。

用抬高局部底面的手法,从周围地面中所分离出来的空间,具有外向性、展示性,由于为众目所视,具有显要及庄重的品格,可用它来突出一个重要空间,如宴会厅或卡拉 OK 厅的舞台,咖啡厅里的钢琴演奏平台等等。

(a)室内(平面图见下页)

图 4-9　楼面做不同标高,划分空间(一)

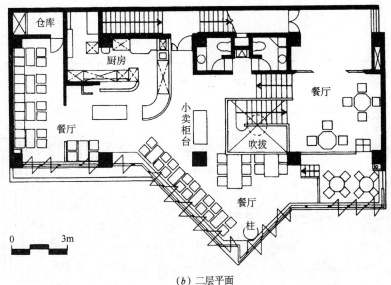

(b) 二层平面

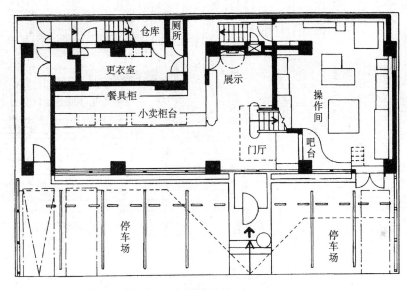

(c) 首层平面

图 4-9　楼面做不同标高,划分空间(二)

　　该餐馆餐厅在二层,入口在首层,本设计的特点是以楼梯为中心,加上两处踏步,将餐厅分为四个不同标高的餐饮空间,从低处的客席仰视,空间层次丰富,从高处的客席俯瞰,整个空间场景尽收眼底。楼梯上方垂挂绿化,顶棚的镜面玻璃映照着室内景物,墙面上展示美术作品,还有在不同标高的客席上人的情态,使整个空间充满生气。

　　如果将地面的一部分下沉,则下沉所形成的垂直面,便限定出一个空间范围。所下沉的底面如果在材质、色彩、形状等方面与周围地面差别大,则强化这一下沉空间在大空间里的独立性。下沉部分与四周空间的连续性,随着下沉深度不同而变化。如果只略作下沉,则该空间范围仍为周围空间整体的一部分(图4-10、4-11),这种手法常用来打破某一餐饮空间的单调感,增加空间的层次。随着下沉深度的增加,将削弱该部分与周围空间的视觉联系,独立性加强。

　　底面下沉所形成的空间,相对于周围环境具有内向性,性格宁静而亲切。同时,由于下沉产生一定遮蔽,该空间给人以心理上的庇护感。

　　将底面抬高或下沉这两种手法,在餐饮空间设计中应用十分广泛,是划分空间的重要手段,常用它把一个大而平淡的餐厅,划分为几个大小不同、形态各异、高低错落的空间的组合,这些空间既流通又有变化,富有趣味性。

(a)室内

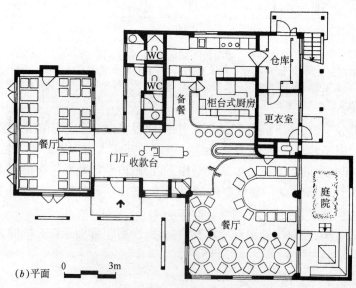

(b)平面　　0　　　3m

图 4-10(日)　将地面下沉一步,划分空间

　　该餐馆服务用房在中部,餐厅分为左右两部分,左侧环境比较安静,右侧专为年青人所设,比较开敞,面向一个种有常青藤的庭园,由于将地面下沉一步,又有花池的分隔,使该就餐区与吧台有所分隔,但空间仍相互交融。

36

（a）室内（平面图及轴测图见下页）

图 4-11(日) 某咖啡馆(一)

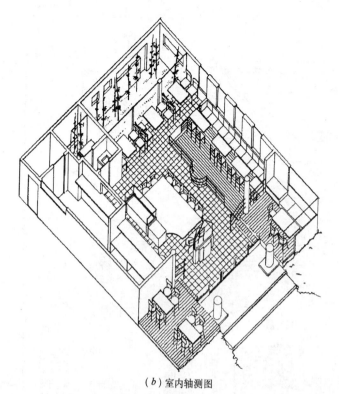

（b）室内轴测图

这是小镇上的一家咖啡馆，是朋友们聚首、主妇们聊天的好场所，也是年青夫妇喜爱之处。室内划分为几个空间，餐桌布置成不同形式，以适应不同需要。中间的大桌适于老朋友聚会闲聊，临窗餐桌凭借大片落地玻璃窗可观赏庭园里的绿竹，而靠墙的餐桌，则将地面下沉一步，采用不同材质，并用金属栏杆围合，形成一处安静的休憩空间，适于娓娓而谈。整个设计注重自然，处理简洁。

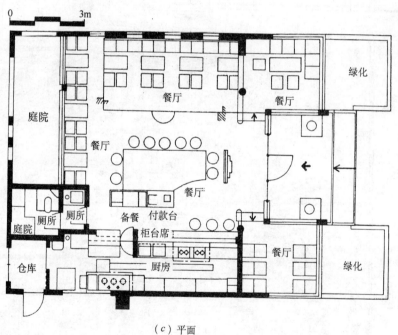

（c）平面

图 4-11（日） 某咖啡馆（二）

（二）顶面对空间的限定

限定空间的顶面有屋顶、楼板、吊顶、构架、织物软吊顶、光带等。一个顶面限定出它与地面之间的空间范围，该范围的大小由顶面的外边缘所界定。因此，该空间的形式是由顶面的形状、大小及地面以上的高度所决定的。

顶面可以是结构构件本身（屋顶、楼板），也可以从餐饮空间设计的需要出发，在结构以下另加各类顶面，重新限定不同的餐饮空间。与底面一样，也可以将顶面抬高或下降，造成不同空间尺度，产生或是高耸向上，或是亲切宜人的效果。在餐饮建筑中，常用下降部分顶面的方法，在大空间里营造出小尺度的温馨的餐饮环境（图 4-12、4-13、4-14）。顶面抬起还可引入自然光，使室内生气盎然（图 6-1）。如果将顶面的造型、图案、色彩及质感做不同处理，可以强调餐厅中的某个重点空间，也可以用来导引方向（图 4-15、4-16）。

图 4-12　顶面局部降低，限定空间
　　这是将顶面局部降低来限定出一个小空间的实例，所下降的顶面边缘用彩色玻璃，从里往外打明亮的灯光，使这个顶面在形式、色彩及质感上均与周围顶棚明显不同，从而在其下限定出一个小的餐饮空间。

图 4-13
　　将顶面局部下降，配合灯光，加上右侧一列小圆柱（垂直线性实体）的围合，在大餐厅里界定出一个小就餐环境，尺度亲切宜人。

(a) 室内

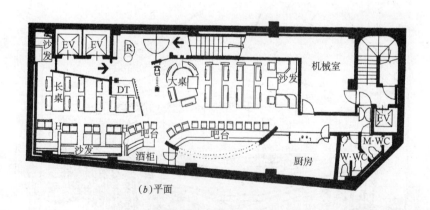

(b)平面

图 4-14(日) 营造小尺度的餐饮空间

　　该餐厅左侧用工字钢的梁和柱加上一个低矮的顶面,围合出一个小尺度的餐饮空间。右侧用两片隔断,将顶面降低,形成一个摆放装饰台的龛式空间,加上局部照明,使陈列的艺术品显得格外精致,这一龛式空间使里面的客席半遮半露,既有小空间的围合感,又与其余空间相互流通。该设计十分注重将餐厅划分为若干个小尺度的就餐空间,而且形式多样,互不雷同,亲切而温馨。

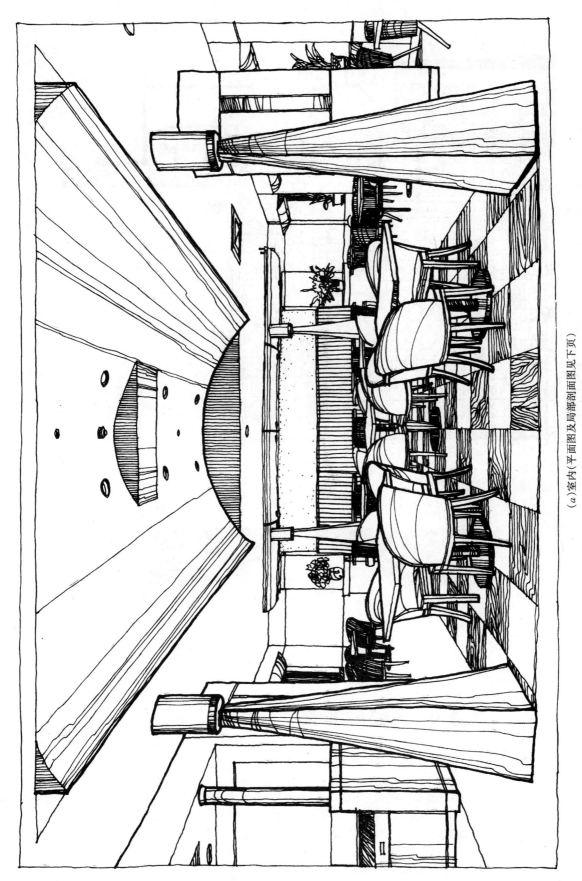

（a）室内（平面图及局部剖面图见下页）

图 4-15　使中心空间成为构图中心（一）

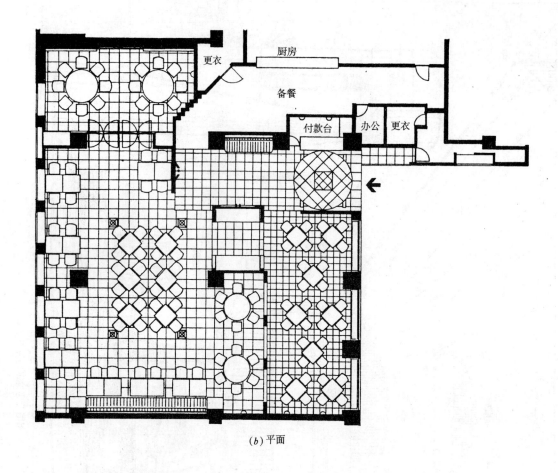

(b) 平面

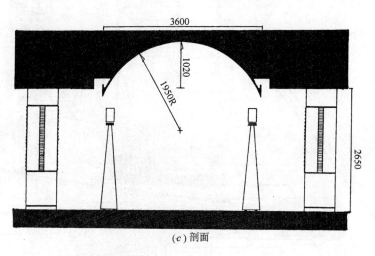

(c) 剖面

图 4-15　使中心空间成为构图中心(二)

　　这是日本的一间点心茶室,为了使中间的空间成为整个茶室的构图中心,采用了一些突出重点空间的手法:①将中间的顶棚做成拱形,并用暗槽灯烘托,以其特异的造型有别于周围大片平顶,表明罩在其下的空间范围的显要;②将中间地面的图案及色彩做特殊处理,使其不同于周围地面,对该空间进一步给予了限定;③用 4 根装饰性灯柱(垂直线性实体)更加明确界定出该空间的范围,并起重点装饰的作用。通过以上设计,使中心空间变得显要,成为整个茶室的构图中心。

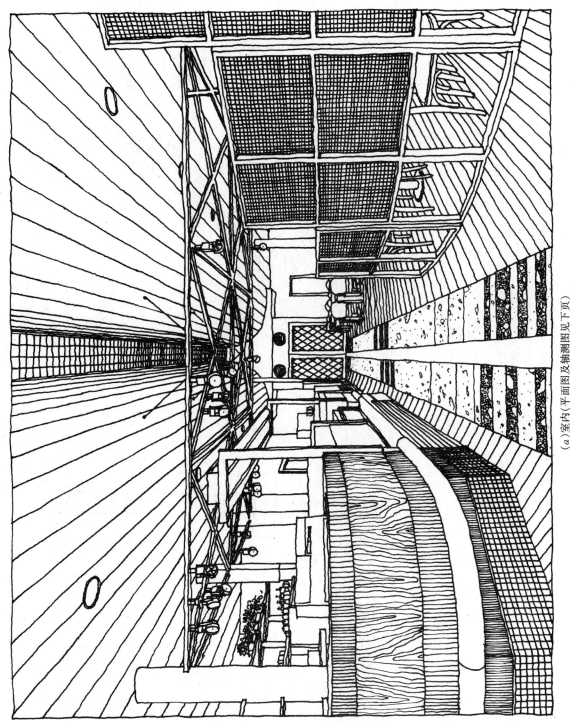

（a）室内（平面图及轴测图见下页）

图 4-16(日) 郊区餐馆(一)

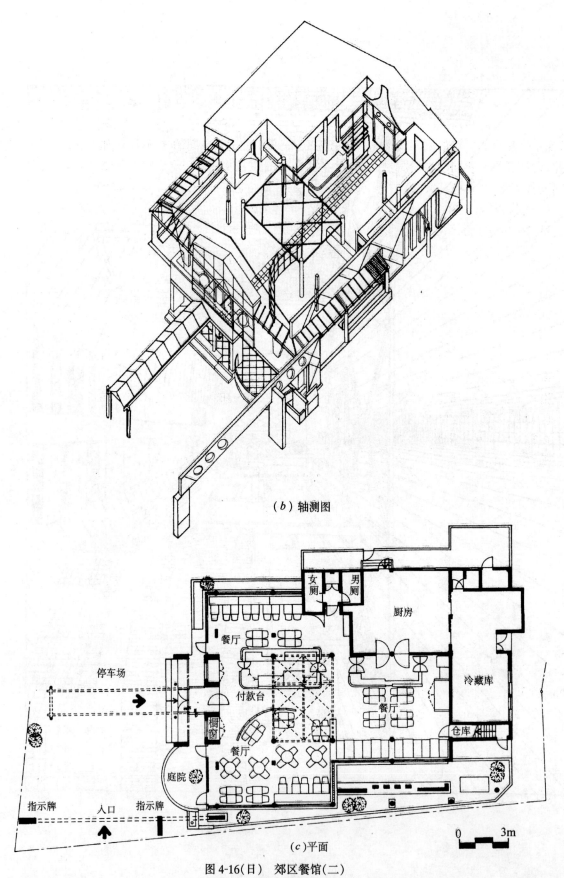

(b) 轴测图

女厕 男厕

厨房

餐厅

停车场

付款台

冷藏库

橱窗

餐厅

仓库

庭院

餐厅

指示牌　　入口　　指示牌

0　　3m

(c) 平面

图 4-16(日)　郊区餐馆(二)

　　这是公路边的一家餐馆,一榀标牌性的门状构架,界定出店前的停车空间。室内用不同材质和花纹的铺地以及顶棚上的光带,将交通空间与两侧就餐空间明确划分。在餐厅中心架设的金属构架使餐厅有了视觉重点,形成不同的尺度感。右侧弧形金属网屏风的围合,使客席免受入口人流干扰,心理上有了安定感,但又不影响空间的流通渗透。

44

二、用垂直实体限定空间

用以限定空间的垂直实体形式多样,常见的有墙、柱、隔断、构架、帷幕、家具、灯具、绿化等。与水平实体相比,垂直实体所限定的空间其围合感更强些,因为水平实体(底面和顶面)所限定的空间范围,其垂直边缘只是暗示性的,而垂直实体就给空间以明确的垂直限界。垂直实体的形式不同,这个限定产生的围合感强弱亦不同。有的只从心理上划分了空间,如餐厅里的一排柱子,所划分的柱子两侧的空间相互是流通的,人的行为亦不受阻隔。有的在划分空间的同时能阻隔人的行为,如博古架、矮隔断,但空间仍是流通的,视觉是连续的。有的则不仅限制人的行为,还中断了视觉及空间的连续性,例如以实墙围隔的雅座间。因此,设计者可按不同的构思需要,设计相应的垂直实体形式,以产生丰富而有层次的空间效果。下面按不同垂直实体对餐饮空间围合的影响,分别进行阐述。

(一)垂直线性实体

最简单的垂直线性实体是一根独立柱,当该柱子位于餐厅中间时,在它和四周墙面之间便划分出几个空间地带。独立柱本身成了空间的中心,由众餐桌环绕,并备受瞩目,故往往对柱子加以重点装饰处理(图4-5)。

而两根柱子和一列柱子则可以限定一个面,这个透明的面便成了划分空间的垂直界限,往往用它来划分不同的餐饮空间,它们既有象征性的分隔,空间又流通(图4-17、4-18、4-19、4-20)。

当三根以上的柱子(或如灯柱等其他垂直线性实体)成角布置时,则将这几根柱子所围合的空间与柱外空间界定出来。如果再在这几根柱子上加上一个顶面,或对顶面做特殊处理,便在大餐饮空间里界定出一个亲切的小空间(图4-21)。

由垂直线性实体所限定的空间与周围空间的关系是流通的,视觉是连续的,人的行为亦不受阻隔。

(二)单个垂直面实体

在餐厅里设一道隔断,便是用单个垂直面实体划分空间的实例(图4-22)。

垂直面实体的高度不同,对空间产生的围合感亦不同。当垂直面只有60cm左右的高度时,这个面虽然已经限定了一个空间领域的边缘,但对这个领域只提供了很小的,不易察觉的围护感,而与周围空间仍保持视觉上的连续性,也就是说,空间仍是流通的。在餐饮空间里常用较矮的栏杆、花池、水体等垂直实体,象征性地分隔出若干个空间,形成不同的餐饮环境,但几个小空间又融汇于一个大空间中,空间层次丰富,并有了领域感,尺度亲切宜人(图4-23、4-24、4-25)。

当垂直面达到齐腰高时,开始产生围护感,但空间在视觉上仍然是流通的。这种手法常用于在餐桌旁设置各种矮隔断,使各餐桌自身的小空间有一种围护感,亲切而安定,但客人又能纵览整个餐厅环境和感受整体氛围(图4-26)。

当垂直面达到视线高度时,便开始将一个空间同另一空间分隔开来,空间流通感减弱。有时用这种手法在大空间里划分通道空间与餐饮空间,使餐饮空间不受来往人流干扰,获得某种安定感(图4-27)。

当垂直面高度超过身高以后,便打断了两个领域间视觉上的连续性,空间已无流通感,垂直面产生了强烈的围护感。如果餐厅用这样高的垂直实体分隔,被分割成的两个空间几乎互不关联(图4-28)。

在餐饮建筑室内设计中,既可以用单个垂直面来围合空间、划分空间,也可以用一个垂直面来作为入口界面,从造型及色彩上加以重点处理,引导客人进入该餐厅或饮食店。许多建于商业综合体中的餐厅及饮食店,便常以一个特别的入口界面,在周围众多商业空间中,标志出该餐饮店的门脸,吸引客人。一个垂直面还能用其特别的造型,以独立体的方式矗立在一个空间中,如北京皇冠假日酒店中庭里矗立的缩微凯旋门,成了中庭空间构图的重点,并具有观赏性。

(a) 室内

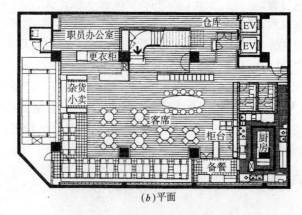

(b) 平面

图 4-17(日)　用柱子和不同吊顶划分空间

　　这是以两根柱子作为垂直界限划分空间的实例,柱两侧的餐饮空间既有象征性的分隔,又相互流通,使人能感受餐厅的整体空间氛围。柱左侧的条形餐饮空间由于有墙体的三面围合,顶棚改做布艺软吊顶,透出明亮而柔和的灯光,白桌布上衬托富于装饰性的鲜蓝色的餐巾,使这一空间有别于柱右侧的空间,宁静而优雅。

(a) 室内

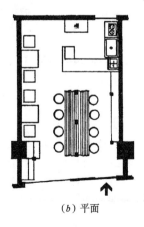

(b) 平面

图 4-18(日)　用三柱分隔空间的小茶室

　　这是一个专供饮茶的小店,只有 12 个座位,连厨房在内共 23m²。中间三根木柱作为一个空间界面将小店划分为互有联系的两个空间。店虽小,但有种清雅和安谧感。中间的小桌与木柱组合,造型特别,两侧架子上展示店主专门从国外引进的各种名茶。店内茶香袭人,客人在茗饮同时,还能了解茶的历史和制作方法,体味茶文化的韵味,使人情思爽朗。

(a)室内

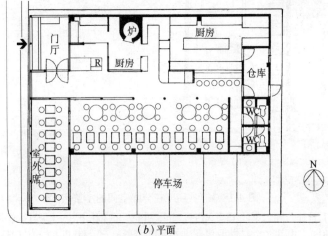

(b)平面

图 4-19 用多个垂直线性实体分隔空间
该餐厅用一列灯柱(垂直线性实体)作为界面,分隔餐饮空间与交通空间,使餐饮环境有了围合感,不受交通干扰,比较安定。每个餐桌至少有一侧依托于实体(墙、灯柱等),给人以安定感。

48

(a) 室内

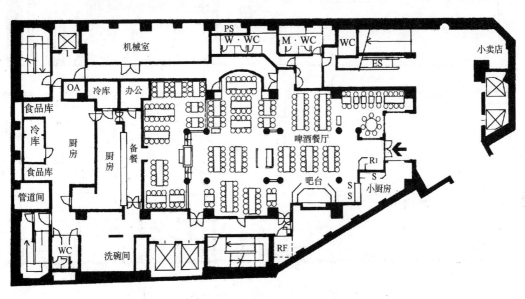

(b) 平面

图 4-20(日)　横浜"亚利巴巴"餐厅

餐厅中间两列粗壮的柱子及拱形顶棚的特殊处理,使餐厅中间的空间成为构图中心,同时分隔出左、中、右三个餐饮空间。横浜的中华街是知名的餐饮街,本店的意图是设计一个西洋化的餐厅,有别于中华街上其他餐饮店,同时将新加坡、越南等亚洲风格揉合进去,以免与周围风格过于冲突。设计主要在柱的造型、墙的装饰纹样、扶手等要素上下功夫,既有传统风格,手法又十分洗练。

(a)室内

(b) 二层平面

(c) 首层平面

图 4-21　以垂直线性实体划分空间

　　从二层平面看,这是以垂直线性实体划分空间的实例。纵、横向的几列木柱将餐厅划分为几个尺度适宜的小空间,使各桌客席有明确的领域感,也将通道与客席明确区分。一道道木板隔断可根据客人对私密性的需要上下升降,使空间有不同的围合感。地板、柱、构架用本色木材,室内陈设和饰物均为日本大正和昭和初期在名古屋地区的民间日用品,如绳子等,在吹拔旁的贮藏柜也是当年式样,客席是地道的"和风",整个餐厅弥漫一种古朴的怀旧情趣。

(a)室内

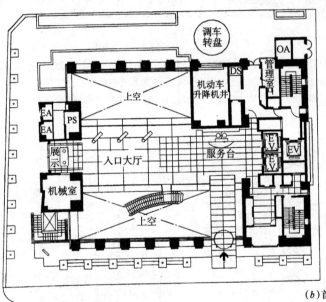

(b)首层平面

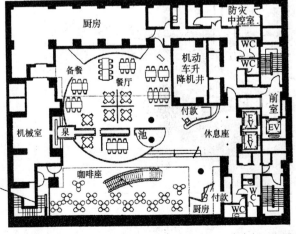

(c)地下室平面

图 4-22 用单个垂直面分隔空间

该餐厅在地下室,两侧各有一个两层高的中庭,为使就餐环境尺度宜人,设计人用几片圆弧形隔断围合出几个小的就餐空间,红色的弧形隔断与翠竹相互衬托,明媚的阳光透过首层窗户洒满中庭,使餐厅充满生机。就餐时既能共享中庭的情趣,又有小领域的亲切温馨。

图 4-23　用矮隔断分隔空间

　　本例用一道与木柱组合的矮隔断,将里外两个餐饮空间略作分隔,由于隔断仅有几十厘米高,只形成轻微的围合感,在视觉上两个空间仍相互流通渗透,但与不分隔相比,空间层次丰富了,空间形态也多样了,里间围合感较强,外间则较开敞。该餐厅空间尺度低矮,装修简朴,用不加修饰的木柱梁、木地面、抹灰墙面,加上吊挂的炊具及窗台上摆放的瓶瓶罐罐以及盆栽绿化,创造出一种富有人情味的乡村酒吧和餐馆的氛围。

图 4-24

　　本图也是以矮隔断划分两个餐饮空间的实例。这两组客席在正面墙上各有一个脸谱造型作重点装饰,使每个空间有了视觉重心和凝聚力,加上茂盛葱郁的绿化,使就餐环境十分优雅亲切。

图 4-25　用水体分隔空间

　　这是以水体划分空间的实例,由于水体较矮,左右两个餐饮空间既有分隔,又融汇在整个中庭里。水体成了室内的重点装饰,其造型设计颇动心思,端部的台座呈螺旋状上升,托起一株姿态优美的树丛,涓涓细流绕着螺旋体婉转流入池中,哗哗作响。室内引入大量绿化,阳光从玻璃顶上倾泻而下,整个餐厅生气盎然。

(a) 室内

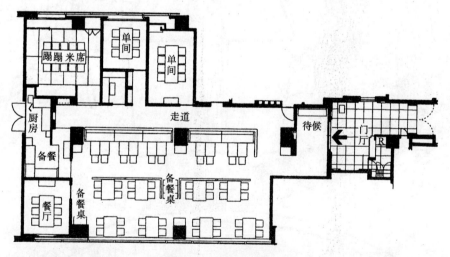

(b) 平面

图 4-26　高矮不同的隔断,产生不同围合感

　　分隔空间的垂直面实体的高度不同,将产生不同的围合感。本例右侧以高隔断将就餐区与通道分隔,由于隔断高于视线,使餐饮区不受来往人流干扰,比较安定。餐厅中间则以一道木制的矮隔断将餐厅划分为左右两个就餐空间,使中间本来是四面临空的这列客席有了边界依托,这隔断在中段处理成两个拐角,插进一个摆放鲜花的装饰台,在两侧的柱子前,也有摆放工艺品的装饰台,并用局部照明重点装饰,这些陈设不仅餐厅格调高雅,又打破了三列客席的纵向条状感,围合出一个个只有两、三桌的小空间,使大部分餐桌都有 L 型的实体依托,成为安定、亲切和有领域感的就餐环境。

54

图 4-27　用单个垂直面实体限定空间

弧形的木隔断分隔交通空间与就餐空间,由于隔断高于视线,两空间分隔明显,使就餐区环境安静。

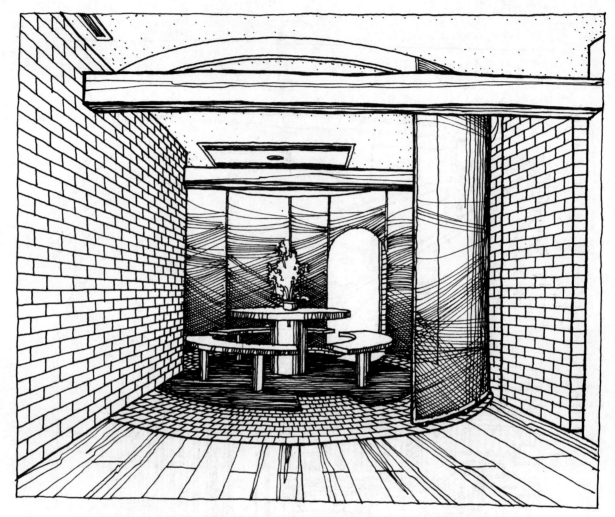

(a) 室内

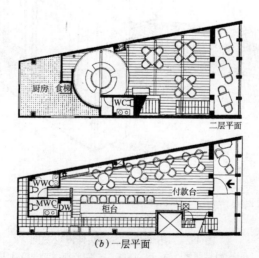

(b) 一层平面

图 4-28 垂直界面高于人的视线,使空间具有独立性

本例用圆弧状的金属网作为垂直界面围合出一个雅座间,由于这一界面高于人的视线,使雅座空间从大空间中独立出来,加上将雅间地面的材质及图案做不同处理,使雅间的空间范围进一步明确限定。

(三) L 形布置的两个垂直面实体

两个成 L 形布置的垂直面实体,便限定出一个空间范围,该范围的两个边缘被这两个面明确界定。在餐厅和饮食店中,常用 L 形的矮隔断围合各式小餐饮空间(图 4-29),在 L 形的转角处有强烈的围护感,并有一定私密性。该空间另外两个边缘的界限仅由这两个隔断的边界所暗示,空间是开放的,如果在开放侧加上垂直实体,如灯柱、绿化;或者对底面的图案、材质、质感做特殊处理,如铺上地毯或与周围有不同的铺地;或者在该空间加上一个顶面,则空间的这两个边缘的限定将从模糊变得明确,围合感增强(图4-30)。

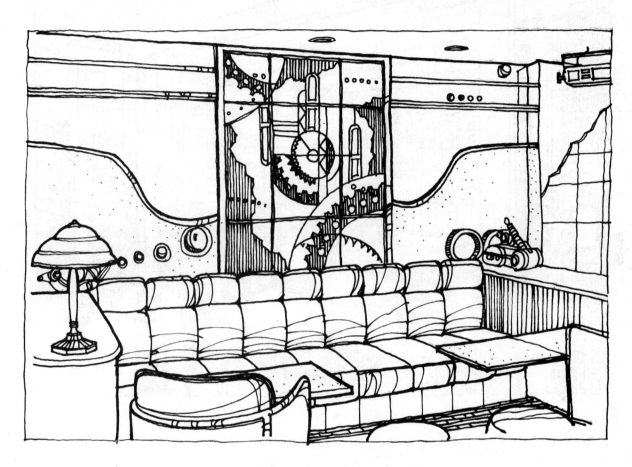

图 4-29　以两个成 L 形的垂直界面限定空间

两片隔断成 L 形布局,围合出这一餐饮空间,在转角处有明显的围护感,具有私密性,而空间的另两侧是开敞的,人以视线对外交往。隔断上色彩鲜艳的玻璃装饰画使这一界面成为该空间的视觉中心,在隔断的曲线形上部安装透明玻璃,又使该空间与背后的相邻空间有了视觉联系,不至于太封闭。

(四) 平行布置的两个垂直面实体

将两个垂直面实体平行布置,便限定了它们之间的空间范围,其两端是开放的,空间具有方向性。餐饮建筑中用平行面限定空间的具体形式很多,如用一面半截隔断与内墙平行,在餐厅里划分出一个有方向性的交通空间;一列柱子(或灯柱)与隔断(或内墙)共同限定出一个餐饮空间(图 4-19);一面隔断与一排绿化也可围合成一个餐饮空间,等等(图 4-31)。

(a) 室内

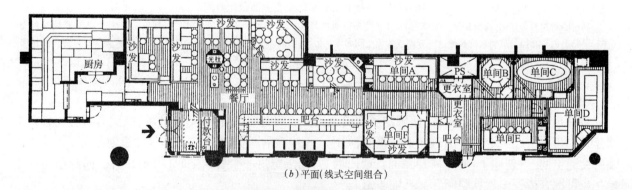

(b) 平面(线式空间组合)

图 4-30 将餐厅划分为若干小尺度的餐饮空间

在画面近处,成 L 形布置的固定沙发及矮隔断,使这组客席有了明确的围合感,而在另两个开敞侧及顶部,由于加了木构架,也使这两侧对空间的限定由模糊变得明确。与只有 L 形实体的围合相比,空间的限定更为明确,围合感加强,形成一个亲切的小餐饮空间,但与邻近空间又能互为因借。

从平面图看,这是一个"线式空间组合"的实例,以一条通长的走道(线性空间)将两侧的若干个小餐饮空间逐个串联。有的是雅间,彼此分隔,私密性好;有的比较开敞,既有小空间的领域感,又与周围空间流通渗透。通过空间设计,克服了用地狭长、纵深的单调感,创造出形态多样的众多小空间,使整个餐厅空间层次丰富,尺度宜人。

(a)室内

(b)二层平面

图 4-31　用平行布置的垂直面实体划分空间

　　餐厅中间用四面玻璃围合出一个绿化庭园,这四个面分别与内墙平行,从而将餐厅分隔成四个餐饮空间。由于玻璃通透明亮,以此分隔的几个空间并无单调和闭塞感,视觉上彼此流通,并且都能观赏庭园里的翠竹,环境清新优雅。

（五）三个垂直面实体成 U 形布置

　　这种布置所限定的空间范围，由于它的三个边缘被明确界定，其后部是封闭的，围合感强，随着这三个垂直面高矮的不同，产生的围合感不同。如果高度只有齐腰高，则给人以心理上的围护感，与周围空间仍保持视觉上的连续性（图 4-32）。随着 U 形垂直面的增高，空间的分隔感逐渐加强。而开放端与相邻空间是流通的，视觉上是连续的。若把底面延伸出开放端，将加强该空间与相邻空间的流通感。而如果用柱子或顶面将开放端进一步限定，则中断或减弱了与相邻空间的联系，而原先的空间围合感则得以增强（图 4-33）。与开放端相对的那个垂直面，是该空间造型的主立面，在室内设计中，往往做重点处理。

图 4-32　三个垂直面成 U 形布置围合空间

　　画面近处用三片栏杆式矮隔断成 U 形重复布置，使近处的每个餐桌都有了各自的空间领域，为客人围合出只属于本桌人的空间范围，倍感安定而亲切。但由于隔断矮而通透，视觉上不被阻隔，使这些以餐桌为单元的小空间又融汇在整个大空间中，随时能感受到餐厅多层次的空间氛围。

　　将三个垂直面成 U 形布置的手法普遍用在餐饮建筑中组织空间。例如在餐桌四周的其中三个方向用隔断围合，余下一侧作为开放端与其余空间流通联系，该餐桌便有了明确的围合感，就餐者心理上也有了只属于他们的空间领域，感到安定、从容、有私密性，但又能感受到餐厅的整体空间氛围。其实，火车座式餐桌便是三个垂直面成 U 形布局，围合小就餐空间的最常见实例。

（六）用四个垂直面实体围合空间

　　这是空间限定方式中最典型，也是限定度最强的一种形式，空间被垂直实体四面围合，私密感强。由于与相邻空间中断了视觉联系，封闭感强。如果垂直面上有洞口，则与相邻空间便有了视觉联系，也就削弱了该空间的围合感。在四个面中，为使其中一个面在视觉上占主导地位，设计上应使它在尺寸、形式、质感、开洞等方面有别于其余三个面。餐厅中的雅座间（图 4-34），娱乐建筑中的 KTV 包间等都是四个垂直面实体围合空间的实例。

(a)室内

图 4-33　U形隔断围合小餐饮空间(一)

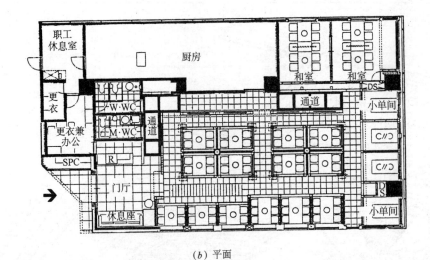

（b）平面

图 4-33 U形隔断围合小餐饮空间(二)

这也是用三片隔断成U形布置,围合出一个个餐桌空间的实例。但与上例相比,隔断略高,开放端又有装饰柱与构架界定,因此小空间的围合感较强些,有一定的私密性,但视觉未被遮挡,空间仍是流通的。由于顶面的局部下降,使每组就餐空间与交通空间明确区分。装饰柱、隔断和地面用色较暗,从柱头向顶棚反射灯光,气氛静谧宜人。

图 4-34 四个垂直面围合空间

这个小餐厅用四个垂直面将其从大餐厅中分隔出来,空间呈内向性,围合感强。面向走廊开有两个门洞,使小餐厅与周围空间有所沟通。正面墙上的装饰画以其色彩和图案表明该垂直面在空间中的主导地位,门洞四周精美的浮雕式装饰纹样及室内淡雅的色调,使餐厅格调高雅华丽。

第三节　空间的围合与渗透

如前所述,空间由各种实体围合和限定。由于实体的大小、高低、宽窄、形状以及有无洞口等方面的不同,使人的视线或是被遮挡,或能连续,则产生不同程度的围合感。如果实体遮挡了人的视线(如隔墙),无法看到相邻空间,此时的空间特征侧重于围合,空间性格是内向的,私密感和领域感强。如果视线能越过或透过围合空间的实体(如矮隔断、有洞口的隔断、列柱)看到相邻空间,空间之间既有分隔,又相互流通,这种空间特征称之为渗透,空间的性格是外向的,空间富有层次感,趣味性强,私密性减弱。

可以看出,空间是围合还是渗透,关键在于垂直实体对视线的连续或遮挡的影响程度。而垂直实体主要在两方面影响空间的围合或渗透,一是其大小(即实体的高低及宽窄),二是其通透性。当垂直实体高而宽时,遮挡了人的视线,空间便侧重于围合,反之(如餐桌间的矮隔断)人的视线能越过该实体,看到相邻空间的顶棚、地面甚至侧墙,空间得以延伸,产生空间相互渗透的效果。至于通透性,主要取决于垂直实体上是否开洞,以及洞口的大小、数量及位置。有通透性的垂直实体如:带洞口的隔断、博古架、围栏、列柱、拱廊、构架等。由于人的视线透过各种形式的洞口可看到相邻空间,打破封闭感,产生空间渗透(图 4-35、4-36、4-37、4-38)。如果洞口开在空间的角部,则侧墙将向相邻空间伸延;如果洞口开在上半部,则顶棚得以向相邻空间连续;如果将玻璃窗落地,则室内地面向室外伸展,这些都能取得空间延伸的效果。

除了垂直实体以外,有时水平实体对围合及渗透也会产生影响,例如餐厅中庭里的一座凉亭,其顶面若做成透空的构架,则相对于一个真的亭顶,其亭下空间与上面的空间便多了些流通渗透,无论在亭下仰视还是从二层俯视凉亭,视线都能延伸,空间层次丰富(图 4-41)。

空间的围合与渗透只是相对而言,渗透是在围合的前提下设法打破封闭感,获得空间的流通,没有围合就衬托不出空间的渗透。两种手法各有特点,如果结合起来,灵活运用,既在围合中获得亲切感,又可避免过于封闭单调。

餐饮建筑由于要适应众多客人的不同心理习惯及文化层次,并要适应不同的就餐人群,空间形态必须多样化。空间要有大有小,有高有低。有的侧重于围合,提供较强的领域感、私密性,有的又着意流通渗透,使人感到情趣丰富。总之,餐饮空间设计要避免单调,力求空间层次丰富,并有趣味性。

画面左侧是外墙,右侧用隔断将该茶室与邻近茶室分隔,使整个茶室既有开敞空间,又有比较封闭安静的空间,满足不同客人所需(平面见图 4-15b)。隔断上方做弧形出挑,避免了一般隔断的单调感。隔断上留有较大孔洞,使相邻空间在分隔中又有流通渗透。

图 4-35　带洞口的隔断

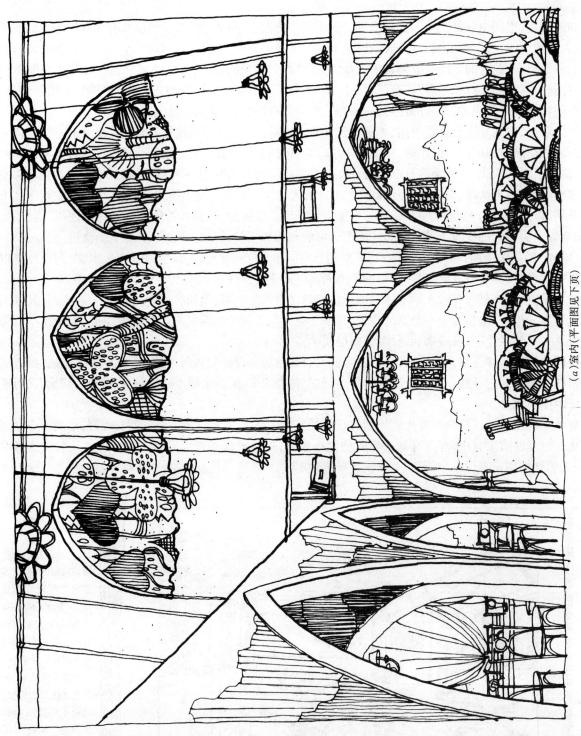

（a）室内（平面图见下页）

图 4-36　拱券（有洞口的垂直实体）（一）

64

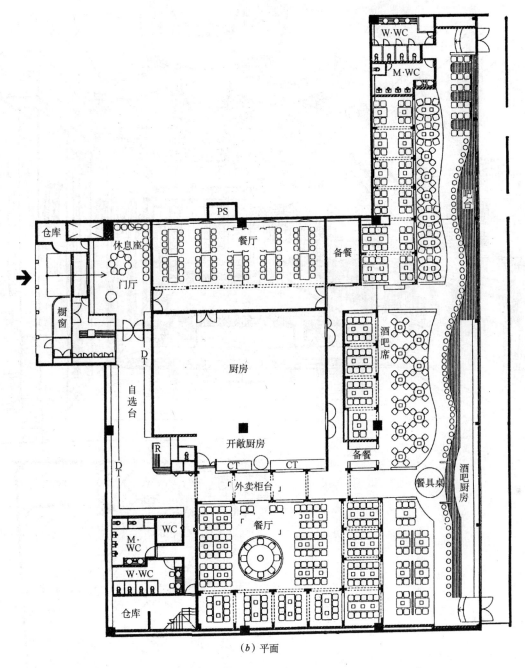

（b）平面

图 4-36　拱券(有洞口的垂直实体)(二)

　　这是日本神户最大的啤酒屋(500座)，厨房居中，服务便捷。最引人之处是能观看神户码头的50多米长的超长柜台，其余望不见码头的客席常有魔术师表演。该餐厅以一片片纵、横向的尖拱券将大空间划分为一个个小餐饮空间，连续的拱券既产生围合感，其洞口又使空间相互流通渗透，客人既有属于自己的空间领域，安静舒适，又能观赏整个空间场景。

(a) 室内

图 4-37 有洞口的隔断,使空间流通渗透

　　该餐厅的隔断上开有一个个上下贯通的洞口,在分隔
不同餐饮空间的同时,使空间相互渗透,洞口下部有黑色
的 Y 形金属饰物,既起围栏作用,又与一片片浑厚的浅色
实墙和顶部的粗木枋形成对比,在粗犷中不乏细部处理。
中间波浪形的天花纵横交织,与吧台上方波状顶面相互呼
应,让人产生海的联想,餐厅着意营造一种南欧风情。

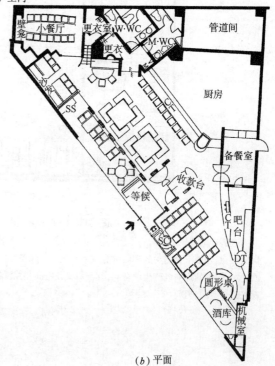

(b) 平面

（a）室内

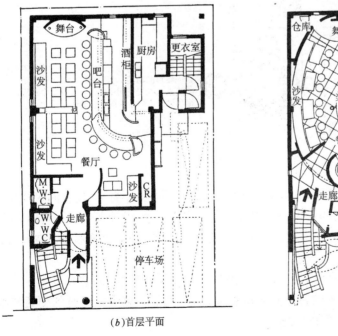

（b）首层平面

（c）二层平面

图 4-38　隔断上的洞口,使空间相互渗透(二)

　　这是日本一间带卡拉 OK 的"居酒屋",在首层吧台前的客席,用一个造型特别的隔断将其划分为两个空间,该隔断上下为实体,以便分隔两组客席,形成围合感,唯有中部开洞通透,使两个空间互有联系和渗透。正面的小舞台空间用弧形幕墙、红地毯和两根小圆柱给以限定。整个空间以暗紫色为基调,灯光幽暗柔和。

第四节　餐饮空间的组合设计

前面用分解的办法论述了如何用水平实体及垂直实体限定单个空间。然而,一般说来,如果餐厅及饮食厅仅仅是个单一空间,将是索然无味的,它应该是多个空间的组合,创造层次丰富的空间,才能吸引客人。

在餐饮空间设计中,比较常见的空间组合形式是集中式、组团式及线式,或是它们的综合与变种。下面结合实例来阐述以上三种常用的空间组合形式。

一、集中式空间组合

这是一种稳定的向心式的餐饮空间组合方式,它由一定数量的次要空间围绕一个大的占主导地位的中心空间构成。这个中心空间一般为规则形式,如圆、方、三角形、正多边形等,而且其大小要大到足以将次要空间集结在其周围(图 4-39)。

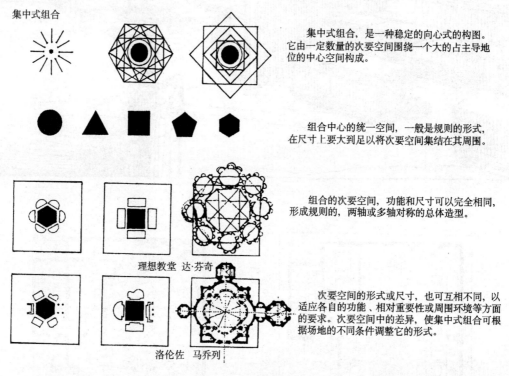

集中式组合

集中式组合,是一种稳定的向心式的构图。它由一定数量的次要空间围绕一个大的占主导地位的中心空间构成。

组合中心的统一空间,一般是规则的形式,在尺寸上要大到足以将次要空间集结在其周围。

组合的次要空间,功能和尺寸可以完全相同,形成规则的,两轴或多轴对称的总体造型。

理想教堂　达·芬奇

次要空间的形式或尺寸,也可互相不同,以适应各自的功能、相对重要性或周围环境等方面的要求。次要空间中的差异,使集中式组合可根据场地的不同条件调整它的形式。

洛伦佐　马乔列

图 4-39　集中式空间组合①

至于周围的次要空间,在餐饮建筑中,一般都将其做成形式不同,大小各异,使空间多样化。其功能也可以不同,有的次要空间可为酒吧,有的可为小餐厅或雅座。这样一来,设计者可根据场地形状、环境需要及次要空间各自的功能特点,在中心空间周围灵活地组合若干个次要空间,建筑形式及空间效果比较活泼而有变化。

入口的设置,由于集中式组合本身没有方向性,一般根据地段及环境需要,选择其中一个方向的次要空间作为入口。这时,该次要空间应明确表达其入口功能,以别其他。集中式组合的交通流线可为辐射形、环形或螺旋形,且流线都在中心空间内终止。

在餐饮建筑设计中,集中式组合是一种较常运用的空间组合形式。一般将中心空间做成主题空间,作为构思的重点,这样,整个餐馆或饮食店从饮食文化的角度看,主题明确,个性突出,气氛易于形成。例如日本

---

① 图 4-39、图 4-40 及图 4-44 选自:[美]弗郎西斯·D.K.钦 . 建筑:形式·空间和秩序 . 邹德侬　方千里译,北京:中国建筑工业出版社,1987

广岛某公园内的一个餐馆(图 4-41)其中心空间的主题十分突出,是个典型的集中式空间组合的实例。

二、组团式空间组合

将若干空间通过紧密连接使它们之间互相联系,或以某空间轴线使几个空间建立紧密联系的空间组合形式(图 4-40)。

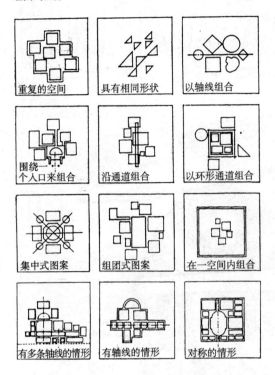

组团式组合

组团式组合通过紧密连接来使各个空间之间互相联系,通常由重复出现的格式空间组成。这些格式空间具有类似的功能,并在形状和朝向方面有共同的视觉特征。组团式组合也可在它的构图空间中采用尺寸、形式、功能各不相同的空间,但这些空间要通过紧密连接和诸如对称轴线等视觉上的一些规则手段来建立联系。因为组团式组合的图案并不来源于某个固定的几何概念,因此它灵活可变,可随时增加和变换而不影响其特点。

组团式组合可以将建筑物的入口作为一个点,或者沿着穿过它的一条通道来组合其空间。这些空间还可成组团式的布置在一个划定的范围内或者空间体积的周围。这种图案类似于集中式组合,但缺乏后者的紧凑性和几何规则性。组团式组合空间还可设置在一个划定的范围和空间体积之中。

由于组团式组合图形中没有固定的重要位置,因此必须通过图形中的尺寸、形式、或者朝向,才能显示出某个空间所具有的特别意义。

在对称及有轴线的情况下,可用于加强和统一组团式组合的各个局部,有助于表达某一空间或空间群的重要意义。

图 4-40　组团式空间组合

在餐饮空间设计中,组团式组合也是较常用的空间组合形式(图 4-1b、4-8b、4-42c、4-43b、4-49b)。有时以入口或门厅为中心来组合各餐饮空间(图 4-10b、4-48b),这时入口和门厅成了联系若干餐饮空间的交通枢纽,而餐饮空间之间既可以是互相流通的,又可以是相对独立的。

比较多见的是几个餐饮空间彼此紧密连接成组团式组合,分隔空间的实体大多通透性好,使各空间之间彼此流通,建立联系。如图 4-42,几个餐厅之间的隔断上开有较大洞口,既有分隔,但彼此视觉上又有联系。又如图 4-43,用以限定各个就餐空间的手段是成组插置的竹竿及地面局部抬高的台地,各就餐空间彼此紧密相连,呈组团式组合,象征性的分隔使空间互相渗透。

也可以沿着一条穿过组团的通道来组合几个餐饮空间,通道可以是直线型、折线型、环形等等,如图 4-21(b),一条折线形通道将酒吧及三个就餐空间组合起来。通道既可用垂直实体来明确限定(图 3-1(b)、3-1(d)),也可只用地面或顶面的图案、材质变化或灯光来象征性地限定的空间,如果是后者,则所组合的各空间彼此流通感强。

另外,也可以将若干小的餐饮空间布置在一个大的餐饮空间周围。这时,组团式组合有点类似于集中式空间组合,但不如后者紧凑和呈几何规则性,平面组合比较自由灵活,如图 4-15(b)、4-17(b)。

一般说来,在组团式组合中,并无固定某个方位更重要。因此,如果要强调某个空间,必须将这个空间加以特别处理,例如比其余空间大,形状特殊等等,方能从组团空间中显示其重要性。

（a）室内（平面图见下页）

图 4-41　"凉亭"啤酒屋（集中式空间组合）（一）

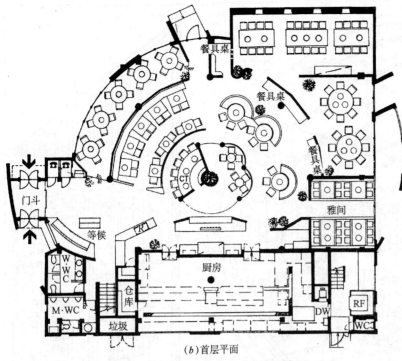

（b）首层平面

图 4-41 "凉亭"啤酒屋(集中式空间组合)(二)

这是日本广岛某公园内的啤酒屋,采用的是"集中式空间组合"的布局,中间是个两层高的中庭,中心有座构架式的凉亭,四周环绕若干小餐饮空间,由于中庭和凉亭采用的是规则的圆形,加强了布局的向心性,使中心空间尤为突出,起到统领全局的主导作用,主题鲜明。四周及二层的小空间形式多样,其中雅座间围合感强,安静舒适,其余开敞的客席用各种或实或虚的矮隔断分隔,尺度亲切宜人,彼此又相互流通渗透,共享中庭的情趣。交通流线为环状与辐射状相结合。所有餐桌至少在一侧有实体依托,领域感好。该餐厅以其特有的设计,如欧式凉亭、铸铁吊灯、圆形的地面图案、藤制家具及酒吧上方西班牙筒瓦式的披檐等,烘托出浓郁的欧式风情,创造出一个宛如在欧洲餐馆就餐的优雅舒适环境。

图 4-42 组团式空间组合,
洞口使空间流通渗透(一)

（a）室内(平面图见下页)

71

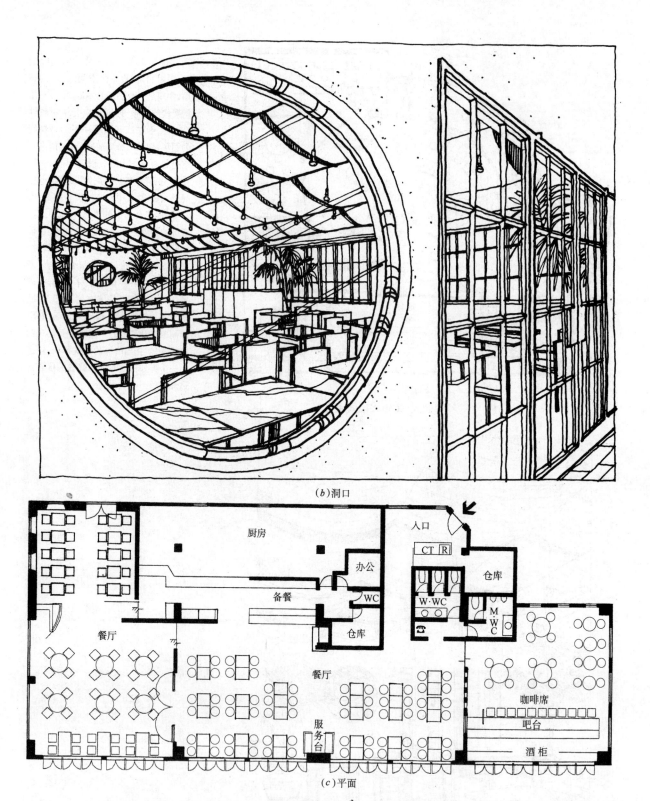

(b)洞口

厨房　　　　　　　入口

办公　　　　　CT R

备餐　　　　　WC　　　仓库

仓库　　　W·WC

餐厅　　　　　　　　　M·WC

餐厅

服务台　　　　咖啡席

吧台

酒柜

(c)平面

图 4-42　组团式空间组合,洞口使空间流通渗透(二)

　　当围合空间的垂直面上有洞口时,与相邻空间便有了视觉联系,空间相互流通渗透,围合感减弱,本例(图 4-42a)墙上的竖向条形洞口使两餐厅在分隔的同时又有联系,由于洞口落地,使地面向相邻空间延伸,加强了渗透感。圆形洞口不仅使空间相互渗透,还使墙面上洞口的构图均衡而有变化。顶棚为软织物吊顶,室内色彩淡雅,灯光柔和,绿化葱郁,餐厅情调温馨。

　　从平面图看,本例属"组团式空间组合",几个餐饮空间彼此紧密连接,分隔空间的墙体上开有各种洞口,使空间互有流通,透过洞口能看到其他空间,富有层次。

72

(a)室内

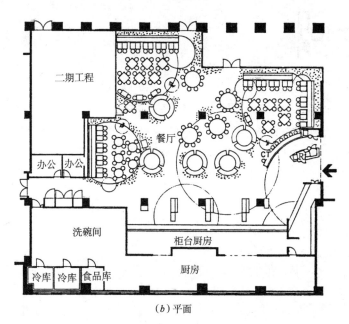

(b)平面

图 4-43　组团式空间组合,用垂直线性实体划分空间

　　本例以竹竿作为垂直线性实体来划分空间,将 600 多根竹竿成组插置,围合出一个个大小各异,既有分隔又相互流通的餐饮空间,并将有的地面局部抬高,形成三个圆形的台地空间,各空间彼此紧密相连,呈组团式组合。一丛丛竹竿的"根"部是石头和土,寓意为树丛与竹丛,餐厅试图让客人感到这里白天是"阳光斑驳的林中午餐",而夜晚又是"星空下的酒宴"。

三、线式空间组合

线式空间组合实质上是一个空间序列。可以将参与组合的空间直接逐个串连,也可同时通过一个线性空间来建立联系。线式组合易于适应场地及地形条件,"线"既可以是直线、折线,也可以是弧线;可以是水平的,也可以沿地形变幻高低(图 4-44)。线性空间组合的实例如图 4-30(b),在一条略加转折的通道两侧,组合十余个小就餐空间,这些空间通过这一线性空间来建立联系,有的彼此分隔,互无联系,私密感较好;有的能相互流通渗透,空间层次有变化,适应不同客人的习惯及使用要求。又如图 4-45(c),以一条通道将一个个小吃空间及摊位组合成室内小吃街。

线式组合

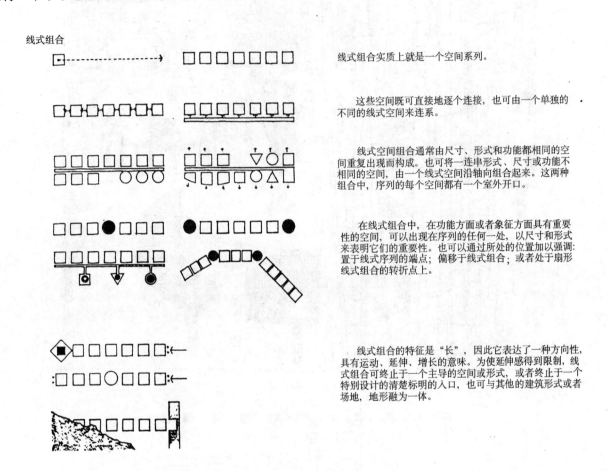

线式组合实质上就是一个空间系列。

这些空间既可直接地逐个连接,也可由一个单独的不同的线式空间来连系。

线式空间组合通常由尺寸、形式和功能都相同的空间重复出现而构成。也可将一连串形式、尺寸或功能不相同的空间,由一个线式空间沿轴向组合起来。这两种组合中,序列的每个空间都有一个室外开口。

在线式组合中,在功能方面或者象征方面具有重要性的空间,可以出现在序列的任何一处,以尺寸和形式来表明它们的重要性。也可以通过所处的位置加以强调:置于线式序列的端点;偏移于线式组合;或者处于扇形线式组合的转折点上。

线式组合的特征是"长",因此它表达了一种方向性,具有运动、延伸、增长的意味。为使延伸感得到限制,线式组合可终止于一个主导的空间或形式,或者终止于一个特别设计的清楚标明的入口,也可与其他的建筑形式或者场地,地形融为一体。

图 4-44 线式空间组合

当序列中的某个空间需要强调其重要性时,该空间的尺寸及形式要加以变化。也可以通过所处的位置来强调某个空间,往往将一个主导空间置于线式组合的终点。

(a) 室内

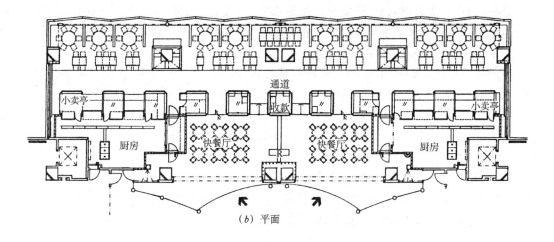

小卖亭

通道

收款

快餐厅 快餐厅

厨房 厨房

小卖亭

(b) 平面

图 4-45(日) 小吃街(线式空间组合)(一)

　　这是设在航空港内的小吃街,一般在空港内的餐饮店多为高大空间,缺乏有魅力的空间,食品多为大路货快餐,没有竞争力。本店着意营造有人情味的小空间,给人以在室外的街道、广场上的食摊就餐的感觉。小吃街经营各种民间风味小吃,街的一侧(平面图上方)为日本风味,另一侧为"洋"风味,中间等距布置的立方体是出售食品的摊位,街内悬挂各色布帘,标志不同店名,气氛热闹,摊档与厨房联系方便,供餐迅速,适应旅行者的快节奏。

　　本例是线式空间组合的实例,在线式的"街"空间两侧串连若干个小餐饮空间。

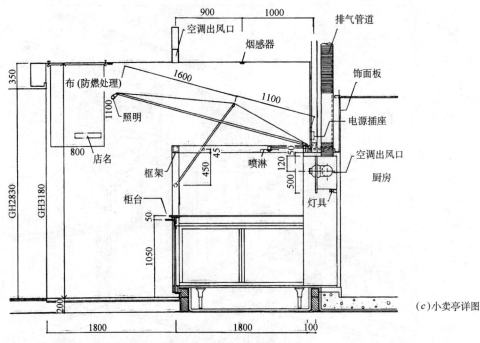

(c)小卖亭详图

图 4-45(日)　小吃街(线式空间组合)(二)

　　上面分别阐述了餐饮建筑常见的三种空间组合形式:集中式、组团式及线式。在方案设计阶段,设计人究竟要采用哪种空间组合形式,也就是要组织什么样的空间序列,是至关重要的,应该首先要解决好。这几种空间组合形式各有特点及适应条件,设计人要根据构思所需,使用要求,场地形状等多种因素综合考虑,在理性分析的基础上进行空间组合设计,有时候可以是上述组合形式的综合运用。

　　当采用集中式空间组合时,由于中间有一个主导空间,位置突出,主题鲜明,成为整个设计的趣味中心。同时,四周有较小的次要空间衬托,主导空间足够突出,成为控制全局的高潮。这种空间组合方式由于是以一定数量的次要空间环绕主导空间向心布置的格局,主导空间一般又是规则的几何形,因此,场地一般要求偏方形,若是狭长地段,往往不易形成向心的效果。

　　组团式空间组合平面布局灵活,空间组合自由活泼,所组合的各个空间可以有主有次,也可以主次不分,在重要性上大致均衡。其形状大小及功能可以各异,可以随场地、地形变化而进行空间组合。

　　线式空间组合的特征是空间序列长,有方向性,序列感强。人在连续行进中,从一个空间到另一空间,逐一领略空间的变化,从而形成整体印象。在这里,时间因素对空间序列的影响尤为突出。在餐饮建筑中,这种空间组合形式大多用在狭长的地段。

　　由于餐饮建筑是供人们就餐就饮的休闲与社交的公共场所,随着生活质量的提高,对餐饮环境的欣赏品位亦在提高,餐饮空间形态应该多样化,层次丰富。设计时要灵活运用上述几种空间组合方法,巧妙组织各种不同餐饮空间,创造出有个性特色,饶有情趣的餐饮环境。

第五节　餐饮空间设计与人的行为心理

　　建筑为人所用,空间设计应该以人为本,只有在分析人的行为心理需求基础上进行的空间设计,方能为人所喜爱。那么,人在使用空间时,都有些什么心理需求呢?

　　我们只要细心观察,就会发现一些有趣的现象。在广场里休憩的人群,喜欢选择广场周边建筑物的墙根、立面的凹处停留,或是倚靠柱子、街灯、树木之类等依托物而驻足,只有当边界区域人满为患时,人们才不得已在中间区域停留,这是人在使用室外空间时的行为心理。再看看室内,人进入餐厅或咖啡馆选择座位时,首先选择靠窗的座位,其次选择靠墙的座位,如果这两种座位都满了,便退而选择靠柱的座位,再晚来的人只好坐在中间区域四面都临空的座次,这是谁也不愿先选的座位。即使在电梯里,先入内者也总是先挑靠角或贴边的位置站。这些现象说明什么呢?

一、边界效应与个人空间

心理学家德克·德·琼治(Derk de Jonge)提出了颇有特色的"边界效应"理论,他指出,森林、海滩、树丛、林中空地等的边缘都是人们喜爱的逗留区域,而开敞的旷野或滩涂则无人光顾,除非边界区已人满为患。在城市空间同样可以观察到这些现象,在巴黎街边的咖啡馆和小餐厅,室内的座椅少有人坐,而临街的餐桌则常被抢占一空,人们边吃喝,边欣赏过往的行人,既说明喜欢交往是人的天性,也说明位于建筑物边缘临街的餐桌是人喜爱的逗留处。

著名的丹麦城市设计专家杨·盖尔(Jan Gehl)对边界效应作了深入分析:"边界区域之所以受到青睐,显然是因为处于空间的边缘为观察空间提供了最佳条件",人选择边界逗留,"比站在外面的空间中暴露要少一些,这样,既可以看清一切,自己又暴露得不多,个人领域减少至面前一个半圆。当人的后背受到保护时,他人只能从面前走过,观察和反应就容易多了。"人类学家爱德华·T·霍尔(Edward T. Hall)进一步阐明了边界效应产生的缘由:处于边界有助于个人或团体与他人保持距离。

这里表达了人的三个心理需求:

(1)人喜欢观察空间和观察人,人有交往的心理需求,而在边界逗留,为人纵观全局,浏览整个场景提供了良好的视野。

(2)人在需要交往的同时,又需要有自己的个人空间领域,这个领域不希望被侵犯,而边界使个人空间领域有了庇护感。

(3)人在交往的同时,需要与他人保持一定距离,即人际距离。

这里牵涉到"个人空间"的概念,心理学家萨姆(R·Sommer)通过研究提出了"个人空间"的概念。萨姆指出每个人的身体周围都存在着一个既不可见又不可分的空间范围,当这一范围受侵犯与干扰会引起人的焦虑与不安。这个"神秘的气泡"随身体移动而移动,这一个人空间范围一般说来,前部较大,后部次之,两侧最小(图4-46),因此从侧面更容易靠近他人。

当个人空间受侵犯时,人会感到不适,而在人的前、后、左、右四个方位中,背部是防卫

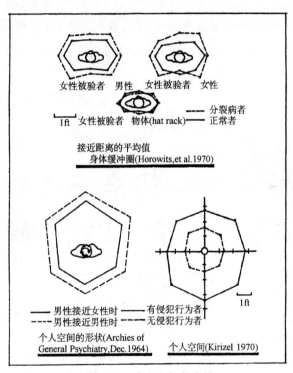

图4-46 个人空间的度量
(本图选自:胡正凡·空间使用方式初探·建筑师(24),1985:52)

力最弱的部位,最需要庇护的部位。而边界之所以受逗留者的欢迎,就是从背部明确围合出属于个人的空间领域,限制了他人的侵犯与干扰,使人有庇护感和安全感,却又不影响人在前部展开交往,纵观全局,观察空间里人的活动及各种场景,满足人对交往的心理需求。

克里斯托弗·亚历山大(Christopher Alexander)在《模式语言》一书中,总结了有关公共空间中边界效应和边界区域的经验:"如果边界不复存在,那么空间就决不会富有生气。"道出了边界对空间设计的重要性。从以上对边界效应及个人空间的分析,可以得出以下结论:

人喜爱逗留的空间是有边界的区域,因为边界给个人空间划定出专有领域,使个人空间受庇护。由于人有交往需求,这个空间同时应该是利于人对外交往的,是适当流通而不是封闭的空间,但又必须能与他

人保持一定的人际距离。

研究这些问题是因为在餐饮建筑设计中,空间的划分和餐座布置均与此休戚相关。

二、餐座布置与人的行为心理

餐馆和饮食店的座位布局不仅要通盘考虑空间设计、使用要求、人体尺度,还要符合人的行为心理需求。

社会学家德克·德·琼治对餐厅和咖啡馆中的座位选择进行了专题研究后发现,有靠背或靠墙的餐椅以及能纵观全局的座位比别的座位受欢迎,其中靠窗的座位尤其受欢迎,因为在那里室内外空间可尽收眼底。餐厅的领座员亦证实,许多客人无论是散客还是团体客人,都明确表示不喜欢餐厅中间的桌子,希望尽可能得到靠墙的座位。这是因为靠窗、靠墙的座位,或有靠背的座位(如火车座式餐桌)是有边界的区域。在那里,边界实体明确围合出属于本桌人的空间领域,不被他人穿越干扰和侵犯,个人空间受到庇护,有安定感,避免了坐在中间四面临空的座位受众目睽睽和背侧被人穿越的不适,却又有纵观室内场景的良好视野,同时还能与他人保持适当的距离,因此这些座位备受欢迎。比如著名作家海明威就很喜欢在酒吧的墙角选一个最好的座位,花费几个小时,一面观看坐在角落的姑娘们,一面慢慢地一小口一小口地喝着饮料,消磨时光。餐桌即使能依托一根柱子,也使该餐桌的空间范围有了些围合和界定,从心理上给人以安定感。

可见,在餐饮空间设计中,在划分空间时,应以垂直实体尽量围合出各种有边界的餐饮空间,使每个餐桌至少有一侧能依托于某个垂直实体,如窗、墙、隔断、靠背、花池、绿化、水体、栏杆、灯柱等等,应尽量减少四面临空的餐桌,这是高质量的餐饮空间所共有的特征——这是一(彩图2-1及图4-47、4-48、4-49)。

关于这方面,宴会厅是个例外,宴会厅以全体参宴者的交往为目的,餐桌布置要利于人的交往应酬,形成热烈氛围,不要私密性,不必以边界来明确个人空间领域,因此餐桌可四面临空,均匀布置。

(a)餐厅2室内(平面图见下页)

图 4-47 营造边界(一)

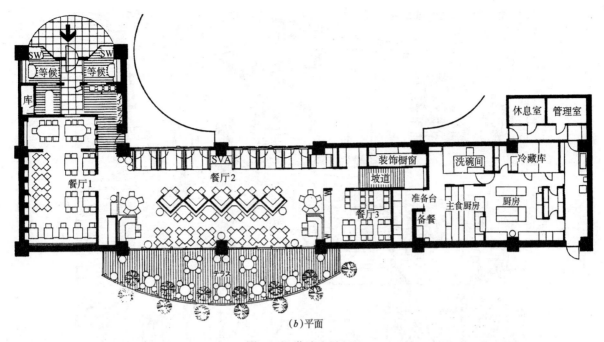

(b)平面

图 4-47 营造边界(二)

本设计的特点是为餐桌营造出各种边界,使每一餐桌都有边界依托,尽量避免餐桌四面临空,为客人提供既能交往,又有个人空间领域的、高质量的餐饮空间。首先尽量使餐桌靠窗、靠墙布置,并造成不同的围合感,如画面右侧靠墙的餐桌,设计成高椅背的火车座,安定而颇具私密性,而左侧靠窗的餐桌则不加围隔,视野开阔,将室内外景致尽收眼底。而中间无所依托的餐桌,则将餐椅设计为一排折线形的固定沙发,使两侧餐桌都有了边界依托,围隔出一个个以餐桌为单元的小环境。顶部一榀榀弓形构架使顶棚颇具装饰性。

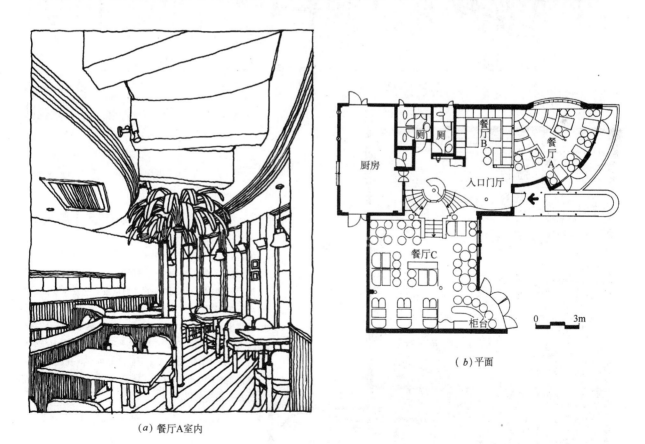

(a)餐厅A室内

(b)平面

图 4-48 餐桌依托边界布置

这是位于郊区的以热带装饰风格为主题的餐厅,空间宽敞,一进门是个 10m 高的带顶光的中庭。该餐厅所有餐桌的布置都能依托边界,在右侧 1/4 圆的小餐厅,中间的餐桌由于加了两个 L 形矮隔断,使邻近的四个餐桌都有了三面围合的边界,领域感好,亲切宜人。两株金属的椰树体现其热带装饰主题,顶部明亮的天然采光令人精神愉快。

(a)室内

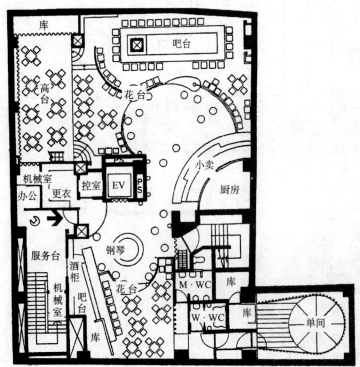

库
高台
花台
吧台
机械室
办公   更衣   控室   EV   PS
小卖
厨房
服务台
酒柜
吧台   钢琴
机械室
花台
M·WC   库
W·WC   库
单间

(b) 平面（组团式空间组台）

图 4-49(日) "钢琴"咖啡厅

这是一个有音乐欣赏的咖啡厅,其空间设计的手法是将地面做成不同标高,将地坪分别抬高一、二、五步,划分出五个形态不同的空间,地台形状为流畅的曲线,打破了餐厅矩形空间的呆滞感,曲线交接处用姿态优美的植栽或造型独特的灯饰点缀。这几个空间融汇在一个大空间里,彼此紧密连接,呈"组团式组合"。值得指出的是,该设计将划分空间与餐桌布置结合,精心考虑餐桌的布置,使多数餐桌都能依托于墙、栏杆或柜台等边界,让客人既有属于自己的小空间领域,又可统览整个空间场景,观赏不同标高的空间里人的情态,感受富有情趣的氛围。

第二,餐桌布置既要利于人的交往,又须与他人保持适当的人际距离。

交往是人的一种固有的精神需要,餐饮空间是公共空间,在那里人更有喜欢交往的需求,希望有适宜的空间和机会与他人接触,看热闹,欣赏各种人的情态。设想一下,如果把每个餐桌都放在一个个封闭的六面体空间里,这种就餐环境是不受欢迎的,因为它只满足了人对个人空间的领域感和私密性的需求,忽略了人对交往的渴望,这种需求在餐饮空间中主要体现在两个层次,一是本桌人之间促膝谈心般有语言及动作行为的交往,同桌者相互认识。第二类交往是看热闹,人看人,人希望在就餐的同时能感受到在多层次的空间环境中,有各种人活动的多姿多彩的就餐氛围,客人彼此并不认识,没有语言及动作的交流,只是彼此欣赏人的活动及情态,感受一种生机盎然的场景和氛围,这是人不可或缺的心理需求。

对这两类交往在不同人及人群中会有不同侧重,餐桌的布置要满足多种多样的需求。如果是一群人的聚会,如商务宴请、亲友喜宴,其交往需求主要集中在第一类,即只顾及本桌或本人群的谈天说地,杯盏交错,对第二类交往一般无暇顾及,反倒需要较多的私密性,需要只属于这群人的空间领域,这类餐桌应布置为雅座间。但即使雅座间其封闭程度也有二种处理,一种是六面封闭,只以门对外相通。另一种是用轻隔断围合,入口处只以挂落等作象征性的分隔。后一种处理与其余就餐空间的交往就多些。

至于雅座外的大量餐桌,上述两类交往需求都应满足,即既要利于本桌人之间的交往,还要便于环顾四周,观赏其他人的活动和空间场景,感受餐厅整体气氛。而不同的交往需求又有不同的人际距离,例如在酒吧间,如果吧座间距小,密度大,则利于人的交往;密度过稀,人与人间隔大,变得疏远,不利于交往,让人感到冷清,缺乏生气。但如果过密,个人空间受侵犯,使人处于高度交往中,亦会让人不自在,可见餐饮桌的布置要考虑人际距离。人类学家霍尔(E·Hall)将不同交往形式的习惯距离划分为四种:亲密距离、个人距离、社交距离和公共距离。

亲密距离(0~45cm)是表达爱抚、亲昵等细腻感情的距离,一般不用在公共场合,如果在餐厅使陌生人处于这种距离会局促不安。

个人距离(0.45~1.30m)是亲近朋友、家人间谈话的距离,同一餐桌上就餐者间的距离就属个人距离,在此距离内谈话声适中,眼睛能观察到对方的细部,属于上面谈到的第一类交往,即有语言和动作交往的距离。

社交距离(1.30~3.75m)是影响餐桌布置的距离,该距离的下限,适于关系密切者交往,但如果使陌生人处于社交距离的下限,会感到干扰和不安,可以用一道栏杆、一片隔断、一丛绿化、几步台阶来分隔餐桌,减弱人们心理上的接近。处于社交距离的上限的餐桌,已相隔一段距离,让人感到有所分隔、互不干扰了,可以看到对方全身及其周围环境,这时的交往属于上面谈到的第二类交往,人看人,没有语言和动作的交流。

公共距离(大于3.75m)是用于演讲、演出的距离。宴会厅的主席台、卡拉OK厅的舞台与餐桌的距离就是这种距离。

餐桌的布置要有意识地安排不同的人际距离,使餐桌的布局形成多种不同的交往氛围。有的空间宽敞舒适,让人能充分感受整体场景和氛围;有的大中有小,在大空间中划分出三、五桌的小领域,既能感受大空间的气氛,又有小尺度环境的温馨;有的用矮隔断或火车座式靠背使一个个餐桌有自己明确的领域感、私密性,适于约会、恳谈,但又能领略大空间的环境氛围;有的做成雅座间,与主空间基本没有流通,营造明确的领域感、私密性,适于团体聚会、私人饮宴、商务宴请,小环境雅致静谧。总之,餐桌布局应从空间设计入手,需满足不同顾客的不同文化层次的心理需求,提供多种选择的可能性。有关餐桌布置的具体内容详见第七章"餐饮建筑家具与陈设设计"。

第五章　餐饮建筑室内界面设计

　　建筑空间——"空"的部分要得以存在,必须依靠"实"的部分来实现,而空间界面是"实"的最主要部分。如第四章所述,餐厅和饮食厅的空间围合元素中,除墙面、隔断、地面、顶棚外,还包括列柱、栏杆、灯柱、酒吧台以及各种可移动的家具、灯具、陈设、绿化、小品等等。因此在室内空间设计基本确定以后,便要对围合空间的实体进行具体设计,使空间设计得以具体实现。

　　室内界面设计,是指对围合和划分空间的实体进行具体设计,即根据对空间的限定要求和对围合与渗透的不同需求,来设计实体的形式和通透程度,并根据整体构思所需,来设计实体表面的材质、质感和色彩,进行表面装饰设计等。界面设计对室内环境气氛的创造有直接影响,是整体环境设计的最主要部分。它不仅仅是一般室内装修所指的表面处理,更重要的是如何同整体环境气氛设计有机地结合起来,使空间设计进一步落实和深化。

第一节　界面的作用

一、分隔空间和组织空间

　　餐饮空间根据不同的使用要求以及空间的趣味性需要,往往用墙、隔断等界面来进行分隔、围合,使其成为多种形态的餐饮空间,并加以巧妙组合。比如,一个大空间的餐厅往往需要用一些非承重的、同时又有浓郁艺术特点的隔墙、隔断来划分空间,形成错落有致、大小均衡、开敞与私密相结合的多种空间的组合(图5-1、图5-2)。这些界面除隔墙、隔断外,也有可能是屏风、帐幔、有反射效果的镜面及由绿化组成的围合面等其他形式。如彩图5-1所示,采用蒙古包的形式在大空间中围合出小空间、小雅间,使就餐环境更

图 5-1　具有浓郁艺术特点的隔墙

富情调。使用镜子的界面,除分隔空间外,还有从视觉上扩大空间的作用(彩图 5-2)。

图 5-2 木制隔断划分空间,形成开敞与私密相结合的空间环境

二、创造环境,体现风格,营造氛围

墙面、地面、顶棚、隔断、栏杆等界面是组成餐饮厅室内环境的主要部分。因此,界面的造型、色彩、质感,界面的艺术气质及装饰性,直接影响室内整体环境效果和气氛。界面是表达构思的载体,也是体现某种风格的载体。不同立意构思、不同风格的就餐环境,会有不同的空间组合和平面布局,也必然会有不同的界面设计及陈设配置。而不同形式的界面将造就不同意境、不同风格的就餐环境。因此,设计师通过界面设计可以创造出某种构想的环境和体现某种风格,可以营造某种特定的氛围,使餐饮厅独具特色,使客人在享用美食的同时,感受独特的餐饮文化氛围(彩图 5-3,彩图 5-4)。

不同民族和不同地域都有各自的文化特征。界面设计要通过各种处理手段来表达和强化餐厅的特色和风格。如伊斯兰风格的室内,多有连续的拱券柱廊,柱子轻巧纤秀,拱券及天花上多覆满几何形的装饰纹样,室内常有水体等(彩图 3-2)。中式风格的餐饮空间界面,宜采用中国传统的造型因素,一般多以红木为主调,色彩沉稳,造型庄重、典雅。天花常以复式藻井呈现,雕梁画栋,饰以宫灯相配。墙面以木装修为主,造型常承袭隔扇、槛窗、观景窗和带有诗文、花鸟、山水等图案的木板墙隔断等形式,并配合匾额题识、悬挂字画、陈设玩器等,共同烘托出一种含蓄而清雅的境界。隔断常采用屏风、博古架、花罩、落地罩、鸡腿罩、栏杆罩等传统形式(彩图 5-5,彩图 5-6)。欧式古典风格的界面设计,常以巴洛克、洛可可时期的作品样式作为空间特征,多用各式柱头、重叠的线脚、磨光大理石、磨边大镜片、复式华丽的水晶大吊灯、以直线与曲线协调架构的猫脚家具及各式拱券等复杂装饰手段,构成室内富丽豪华、流光镶金的环境气氛

（彩图5-7）。现代欧式餐厅中,装饰已大大减弱,造型显得简洁、大方,色调也比较素静,但仍不失欧风意味(图5-3)。日式餐厅中,除适当采用和室、榻榻米、木架屋等传统方式外,设计者还常采用庭园造景的方式,建构另一种"柳暗花明"的意境(彩图5-8)。

图5-3　具有现代欧式风格的餐厅界面设计

第二节　界面设计的内容

　　界面设计服从空间设计,空间设计是界面设计的基础。在具体设计中,因为室内空间环境气氛的要求不同,构思立意不同,材料、设备、施工工艺等技术条件不同,界面设计的表现内容和手法也多种多样。例如:表现结构体系与构件构成的技术美;表现界面材料的质地与纹理;利用界面凹凸漏空变化的造型特点与光影变化形成独特效果;表现界面色彩和色彩构成;强调界面图案设计与重点装饰等等。
　　界面设计主要由三部分组成:界面造型设计、界面色彩设计、界面材料与质感设计。
一、界面造型设计
　　界面造型设计主要是指对界面本身的形状、界面上的图案、界面的边缘以及界面交接处的处理、界面上的凹凸漏空等等进行设计。
　　• 界面的形状:界面的形状较多情况是以结构构件、承重墙、柱等为依托,以结构体系构成轮廓,形成平面、折面、拱形、弧面等不同形状的界面(彩图5-9)。也可以根据室内使用功能对空间形状的需要,脱开结构层另行考虑。例如在原先是水平的楼板下,因有各种管道,需重新加吊顶天花,再结合环境气氛的要求,设计成弧形、半圆形、折形或局部漏空等形状(彩图5-10)。又如烧烤店,因有排烟的实际功能需要,也需设计吊顶,其吊顶造型就可以脱开结构层而另行考虑(彩图5-11)。除了按结构体系和功能要求外,界面形状还可按所需的环境气氛设计(彩图5-12)。这一点在餐厅设计中弹性较大,因为餐饮环境风格各异,变化多端,因而界面形状也可千变万化。如快餐类的餐饮厅的界面形状可活泼多变、简洁明快,以几何形体为主(图5-4);中式正餐类的界面形状一般比较严谨、庄重,面上饰以木装饰或字、画等装饰品来取胜。

图5-4　简洁明快的几何形体墙面设计

• 界面上的图案:界面上的图案必须顺应室内环境整体气氛的要求,起到烘托、加强餐厅特定氛围的作用。根据不同的风格特点,图案可以是具象的或抽象的、有彩的或无彩的、有主题的或无主题的。图案的表现手段有绘制的,有同质材料变化的、或不同材料制作的等等(彩图5-13)。同时,界面的图案还需考虑与室内织物(如窗帘、地毯、台布等)协调。

• 界面的边缘以及界面交接处的处理:界面的边缘、交接处、不同材料的连接,它们的造型和构造处理,即所谓"收头",是界面设计的难点之一。界面的边缘转角通常用不同断面造型的线脚处理,如木装饰墙面下的踢脚和上部的腰线压条等线脚。光洁材料和新型材料大多不作线脚处理,但也有界面之间的过渡和材料的"收头"问题。值得注意的是,象界面的图案、线脚这些细部的处理,它的花饰和纹样,也是室内设计艺术风格定位的重要表达语言。

二、界面色彩设计

餐馆是人们进餐的场所,人们在整个进餐过程中自始至终受餐厅空间界面色彩的影响。色彩不仅影响着人的心理和生理感受,同时左右着整个餐厅的环境气氛。

1. 色彩心理

色彩对于人心理上的影响很大,特别是处理室内界面时尤其不容忽视。一般地讲,暖色可以使人产生紧张、热烈、兴奋的情绪,而冷色则使人感到安定、幽雅、宁静。暖色使人感到靠近,冷色使人感到隐退。两个大小相同的房间,着暖色的会显得小,着冷色的则显得大。不同明度的色彩,也会使人产生不同的感觉。明度高的色调使人感到明快、兴奋,明度低的色调使人感到压抑、沉闷。此外,色彩的深浅不同给人的重量感也不同。浅色给人的感觉轻,深色给人的感觉重。因此室内色彩一般多遵循上浅下深的原则来处理,自上而下,顶棚最浅,墙面稍深,护墙更深,踢脚板与地面最深,这样上轻下重,稳定感好。

不同色彩在不同界面上使用时也会产生不同的效果,见表5-1所示。

色彩在不同界面的使用效果　　　　　　　　　　　　　　　　表 5-1

	顶　　棚	墙　　面	地　　面
红　色	干扰性大、分量重	进犯的、向前的	突出的、警觉的
粉红色	精致的、愉悦舒适的或过分甜密	软弱、粉气	过于精致、较少使用
褐　色	沉闷压抑	沉稳,多为硬木装饰	稳定、沉着
橙　色	引起注意、兴奋	暖和、发亮的	活跃、明快
黄　色	兴奋、发亮	过暖,彩度太高不舒服	上升的、有趣的
绿　色	冷,较少使用	冷、安静	冷、柔软、轻松
蓝　色	如天空、冷	冷、远	结实、有运动感
紫　色	不安、较少用	刺激	沉重,多用于地毯
灰　色	浅灰用的较多,显暗	中性色调	中性色调
白　色	有助于扩散光源、简洁	苍白、素静	禁止接触

餐厅、酒吧的室内空间有大小之分,小型餐厅及酒吧的室内色彩应沉着,给人一种安宁的私密性气氛,照明也不宜太亮,色调应以暖色为主,如橙色、黄色等(彩图5-14、彩图5-15)。大型的餐饮厅、宴会厅色彩应明朗、欢快,与照明采光相配合,使其既金碧辉煌又舒心悦目(彩图5-16)。

2. 色彩的统一与变化

色彩环境作为室内环境气氛创造的重要因素之一,应注意统一而不单调,丰富而不零乱,讲究整体色彩设计,同时处理好对比与协调的相对关系。

在室内色彩设计中要统一基调,简言之,要有一个主色调。有了主色调,方能创造富有特色的、有倾向性的、有感染力的环境气氛。一首乐曲要有主旋律,一张绘画要有主色调,室内色彩设计中失去了主色调,让多种色彩等量齐观一起上,就好比一支没有主旋律的乐曲,各种乐器各奏各的调,注定要失败。因而设计师必须十分慎重地选择和确定总体的基本色调,十分慎密地考虑各部分的色彩变化同主色调相协调。

在复杂的空间组合中,各种空间可以各有倾向性色调。但是首先,这些空间必须是从属于一个主空间,而主空间必须要有一个主色调。第二,尽管这些空间色调各异,但它们之间应当有秩序联系。简单的比如以春、夏、秋、冬四季命题,或以花卉植物命名,或以地方民族特色立意等等。第三,应当有一、二种共通的辅助色起呼应协调作用,这些辅助色可以是黑色、白色、金色、银色、灰色和材料的天然本色,它们无论同什么颜色搭配,基本都可以协调。

在实践中,色彩缤纷的大自然是色彩构图的总源泉。从奥妙无穷的天空云霞到神秘莫测的夜色星空,从斑烂陆离的矿岩树木到鱼龙鸟兽的皮毛羽尾,一幅幅都是令人叹羡神往的色彩构图的范例。抓住朝夕更替一瞬间,或取其一鸟羽,一花卉标本,都可以从中得到色彩构图的启示和灵感,在室内设计中创造出巧手天工的色彩环境与气氛。

三、界面材料与质感设计

餐馆的内部形象给人的感觉如何,在很大程度上取决于装饰材料的选用。每种材料都具有特殊的潜能,若能够准确地把握材料的特性,并加以巧妙运用,就能创造出完美的室内空间。丹麦设计师克林特曾指出:"用正确的方法去处理正确的材料,才能以直率和美的方式去满足人类的需要。"

任何一种材料都具有与众不同的特殊质感。材料的质感可以归纳为:粗犷与细腻、粗糙与光滑、温暖与寒冷、华丽与朴素、沉重与轻巧、坚硬与柔软、刚劲与柔和等基本感觉形态。自然材料的质感相差悬殊,趣味无穷,用得巧往往能构思妙得。人工材料简洁明快、精致细腻,能造出机械美、几何美,也往往很有秩序感。一个餐厅设计的成功与否不在于单纯追求昂贵的材料,而在于依据构思合理选用材料、组织和搭配材料。昂贵的材料固然能以显示其价值的方法表达富丽豪华的特色,而平凡的材料同样可以创造出幽雅、独特的意境。天然材料中的木、竹、藤、麻、棉等材料给人们以亲切感,餐厅室内采用显示纹理的木材、藤竹家具、草编铺地以及粗略加工的墙体面材,粗犷自然,富有情趣,使人有回归自然之感,可以表达朴素无华的传统气息和自然情调,营造温馨、宜人的就餐环境(图5-5、图5-6)。不同质地和表面不同加工的界面材

图5-5　界面设计采用天然材料,表达朴素无华的自然情调

料,给人的感受也不一样。平整光滑的大理石——整洁、精密;全反射的镜面不锈钢——精密、高科技;纹理清晰的木材——自然、亲切;清水勾缝砖墙面——传统、乡土情;具有斧痕的假石——有力、粗犷;大面积灰砂粉刷面——平易、整体感好。

图 5-6　运用石材装饰界面,营造粗犷、豪放的特色环境

　　和室外空间相比,室内空间和人的关系要密切得多。从视觉方面讲,室内的墙面近在咫尺,人们可以清楚地看到它极细微的纹理变化;从触觉方面讲,伸手则可以抚摸它,因而就建筑材料的质感来讲,室外装修材料的质地可以粗糙一些,而室内装修材料则应当细腻、光洁、松软一些。当然,在特殊情况下,为了取得对比,室内装修也可以选用一些比较粗糙的材料,但面积都不宜太大。

　　尽管室内装修材料一般都比较细腻、光洁,但它们的细腻程度、坚实程度、纹理粗细和分块的大小等是各不相同的。它们有的适合于做顶棚,有的适合于做墙面,有的适合于做地面,有的适合于做装饰。例如顶棚或各种吊顶,人们接触不到它,又较易于保持清洁,因而适合于选用松软的材料如抹灰粉刷。地面则不同,它需要用来承托人的活动,而又不易保持清洁,因而宜选用坚实、光滑的材料——水磨石、大理石等。某些有特殊功能要求的房间如多功能餐厅中的舞台部分,为保持适当的弹性或韧性适于采用木地板。墙面的上半部人们是接触不到的,而下半部则经常接触它,这就使得许多墙面采用护墙的形式——把下半部处理成为坚实、光洁的材料,以起保护墙面的作用。上半部则和顶棚一样,可以采用较软松的抹灰粉刷。如何把具有不同质感的材料结合在一起,并利用其粗细、坚柔及纹理等各方面的对比和变化,是界面设计的关键。

　　目前,"回归自然"成了室内设计的趋势之一,因此,在选材上选用天然材料也成为一种时尚。即使是现代风格的餐厅,室内装饰也常常选配一些天然材料。现将常用的木材、石材的性能和品种介绍如下:

　　木材:具有质轻、强度高、韧性好、热性能好、手感、触感好,纹理优美,色泽宜人,易于着色和油漆,便于加工、连接和安装。常用于饰面的木材主要有:水曲柳、桦木、枫木、橡木、榉木、柚木、樱桃木、雀眼木、桃花心木、花梨木等等。石材:浑实厚重、耐久、耐磨性好,纹理和色泽优美,且各品种特色鲜明。其表面根据装饰效果需要还可做多种处理。如烧毛、凿毛、磨光及喷沙、喷水亚光处理等。常用的装饰石材见表5-2、表5-3所示。

花　岗　石　　　　表5-2

黑　色	济南青、蒙古黑、黑金砂等	绿　色	美国绿、台湾绿、印度绿、绿宝石、幻彩绿等
灰白色	珍珠白麻、大花白、芝麻白等	桔红色	虎皮石、卡门红、蒙地卡罗等
黄　色	菊花石、金麻等	浅红色	西丽红、玫瑰红等
蓝　色	紫罗兰、蓝珍珠等	深红色	将军红、南非红、印度红、中国红等

大　理　石　　　　表5-3

黑　色	黑白根、黑白花、桂林黑等	米黄色	西班牙米黄、旧米黄、新米黄、金花米黄等
白　色	雪花白、大花白、爵士白、克拉拉白、汉白玉等	红　色	万寿红、挪威红、陈皮红、珊瑚红等

第三节　顶棚、地面、墙面及其他界面设计

空间是由界面围合而成,一般的建筑空间多呈六面体,这六面体分别由顶棚、地面、墙面组成,在餐饮空间中还常有隔断,屏风、悬挂物等等,处理好这些要素,不仅可以表现空间的特性,而且还能加强空间的意境和气氛。

在一般餐饮建筑中,顶棚和地面是形成空间的两个水平面,顶棚是顶界面,地面是底界面。地面的处理相对来说比较简单,因其涉及的工程技术方面的因素比较少,多考虑其具体的形式、材质以及表面的图案等等。顶棚的处理则比较复杂,这是由于顶棚和结构的关系比较密切,在处理顶棚时不能不考虑到结构形式的影响。另外顶棚又是各种灯具所依附的地方,在一些设备较完善的餐馆中,还要设置各种空调系统的送、回风孔,消防系统的烟感器、喷淋头,背景音响的喇叭口等等,这些在顶棚的设计中都应给予妥善地处理。墙面、柱子用来承重,一般情况下形式比较固定,但有时因功能或造型需要也往往设计成斜墙、弧形墙、断裂墙和变形柱等等。隔断的处理在餐饮建筑中最为灵活,且形式变化多样。界面的处理虽然不可避免地要涉及到很多具体的细节问题,但首先应从建筑空间整体效果的完整统一出发,才不致于顾此失彼,各行其事而无章法。

一、顶棚设计

顶棚——作为空间的顶界面,最能反映空间的形态及关系。有些建筑空间,单纯依靠墙或柱,很难明确地界定出空间的形状、范围以及各部分空间之间的关系,但通过顶棚的处理则可以使这些关系明确起来。另外,通过顶棚处理还可以达到建立秩序,克服凌乱、散漫,分清主从,突出重点和中心等多种目的。

通过顶棚处理来加强重点和区分主从关系的例子很多。在一些设置柱子的大厅中,空间往往被分隔成若干部分,这些部分本身可能因为大小不同而呈现出一定的主从关系。若在顶棚处理上再作相应的处理,这种关系则可以得到进一步加强(彩图5-17)。

空间上部的顶棚,由于其位置高,不被遮挡,特别引人注目,透视感也十分强烈。利用这一特点,通过不同的处理有时可以加强空间的博大感,有时可以加强空间的深远感,有时则可以把人的注意力引导至某个确定的方向或加强空间的序列感(彩图5-18、彩图5-19)。

顶棚的处理,在条件允许的情况下,应当和结构巧妙地相结合。例如在一些传统的建筑形式中,顶棚

处理多是在梁板结构的基础上进行加工,并充分利用结构构件起装饰作用。近现代建筑所运用的新型结构,有的很轻巧美观,有的其构件所组成的图案具有强烈的韵律感,这样的结构形式即使不加任何处理,也可以成为很美的顶棚。

总的说来,对于餐厅顶棚设计,设计者应根据餐饮厅空间的构思立意综合考虑建筑的结构形式,设备要求,技术条件等,来确定顶棚的形式和处理手法,通过对顶棚的深入设计,为空间环境增色。顶棚的处理随餐厅空间特点的不同,有各式各样的处理手法,一般可归纳为:显露结构式;掩盖结构式;图案装饰式;天窗式等。从具体处理手法上,大体可分为以下七种顶棚的类型:

(1) 具有自然采光功能的顶棚(图5-7)。一般采用在钢结构或铝合金结构上做玻璃顶光。由于有大面积的顶光,餐饮空间明亮、开朗,同时还能节约能源。设计多注重结构形式。

图 5-7 有自然采光功能的顶棚处理

(2) 模仿自然的顶棚。如彩图5-20所示,模仿夜景,设计者通过色彩和灯光,营造繁星点点的夜色浪漫情调。

(3) 突出灯具造型的顶棚。这种顶棚本身一般比较简洁,而以灯具造型作为顶棚的重点点缀,装饰效果好,既有重点又解决了照明问题,如彩图 5-21、彩图 5-22。

(4) 结合灯槽、光栅、光带的顶棚。顶棚的分格、分区处理结合光带、光栅是顶棚处理较常见的手法,不仅使顶棚富有变化和层次,同时也解决了照明问题。如图 5-8、彩图 5-23、彩图 5-24。

图 5-8 带灯槽的顶棚处理

(5) 强调造型和图案。采用一定的母题或几何形在顶棚上进行处理,其中造型和图案在其他界面一般都有所呼应或重复,使餐饮环境具有统一整体感,如彩图 5-25、彩图 5-26。

(6) 采用织物构成顶棚。如彩图 5-27 所示,顶棚分格利用织物构成,使餐厅更具自然情调。此类用的最多的是大块织物,既取得了效果又经济节约。见图 5-9、彩图 5-28。

(7) 利用高架装饰构件。如彩图 5-29,既丰富了顶棚造型,又有围合餐座小空间的作用。

二、地面设计

地面作为空间的底界面,也是以水平面的形式出现。由于地面需要用来承托家具、设备和人的活动,因而其显露的程度是有限的。从这个意义上讲,地面给人的影响要比顶棚小一些。但从另一角度看,地面又是最先被人的视觉所感知,所以它的色彩、质地和图案也能直接影响室内的气氛。

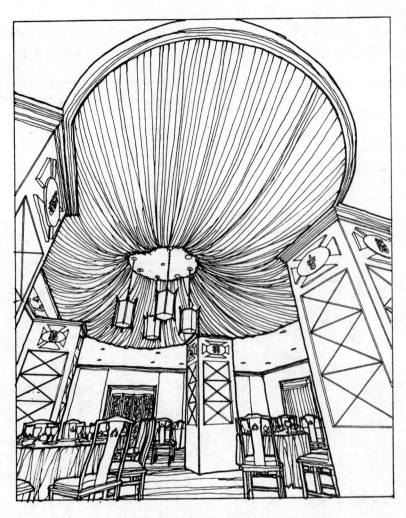

图 5-9　用织物装饰顶棚,营造气氛

(1) 地面图案处理。地面图案设计大体上可以分为三种类型:地面图案自身独立完整;地面图案连续,具韵律感;地面图案抽象。第一种类型的图案不仅具有明确的几何形状和边框,而且还具有独立完整的构图形式,这种类型很象地毯的图案(彩图 5-30)。近现代建筑的平面布局较自由、灵活,一般比较适合采用第二种类型的图案。这种图案较简洁活泼,可以无限地延伸扩展,又没有固定的边框和轮廓,因而其适应性较强,可以与各种形状的平面相协调。第三种类型采用抽象图案来作地面装饰,这种形式的图案虽然要比地毯式图案的构图自由、活泼一些,但要想取得良好的效果,则必须根据建筑平面形状的特点来考虑其构图与色彩,只有使之与特定的平面形状相协调一致,才能求得整体的完整统一。

(2) 地面材质处理。餐厅的地面一般选用比较耐久、结实,便于清洗的材料,如石材(花岗石)、水磨石、毛石、地砖等。较高级的餐厅常选用石材、木地板或地毯。花岗石地面因其材质的均匀和色差小,能形成统一的整体效果,再经过巧妙地构思,往往能取得理想的效果,如图 5-10。毛石地面经过拼贴组合,再加上其本身的自然特性,对营造餐厅的特色气氛能起到很大的作用(图 5-11)。地砖铺地变化较少,但通过图案设计和色彩搭配,也能取得很好的效果。木地板因其特有的自然纹理和表面的光洁处理,不仅视觉效果好,而且显得雅致,有情调,如彩图 5-31。地面处理除采用同种材料变化之外,也可用二种或多种材料构成,如彩图 5-32 所示,走道采用石材,就餐区采用地毯,既有了变化,又具有很好的导向性。

(3) 地面的光艺术处理。在地面设计中,有时可利用光的处理手法来取得独特的效果。如彩图 5-33、彩图 5-34 所示,在地面下方设置灯光,既丰富了视觉感受,又在入口处起到了引导作用。有时也可用配置地灯的方式取得类似的效果(彩图 5-35)。又如彩图 5-36 所示,地面的光设置除了导向作用外,还能作为地面的装饰图案。总之,若能巧妙运用光的手段,在地面设计中能取得别具一格的效果。

图 5-10　地面石材处理

三、墙面设计

墙面也是围合空间的重要要素之一,墙面作为空间的侧界面,是以垂直面的形式出现的,对人的视觉影响至关重要。在墙面处理中,大至门窗,小至灯具、通风孔洞、线脚、细部装饰等,只有作为整体的一部分而互相有机地联系在一起,才能获得完整统一的效果。

墙面处理,最关键的问题是如何组织好门窗、墙面开洞、漏空、凹凸面等之间的关系,门窗为虚,墙面为实,门窗开口的组织,实质上就是虚实关系的处理,虚实的对比与变化则往往是决定墙面处理成败的关键。墙面的处理应根据每一面墙的特点,有的以虚为主,虚中有实,有的以实为主,实中有虚。应尽量避免虚实各半平均分布的处理方法。同时,还应当避免把门、窗等孔洞当作一种孤立的要素对待,而力求把门、窗组织成为一个整体——例如把它们纳入到竖向分割或横向分割的体系中去,这一方面可以削弱其独立性,同时也有助于建立起一种秩序。在一般情况下,低矮的墙面多适合于采用竖向分割的处理方法,高耸的墙面多适合于采用横向分割的处理方法。横向分割的墙面常具有安定感,竖向分割的墙面则可以使人产生兴奋感、高耸感。

另外,墙面处理还应当正确地显示空间的尺度,过大或过小的装饰处理、墙面图案和墙面分格,都会造成错觉,并歪曲空间的尺度感。

餐厅墙面设计应综合考虑多种因素,如墙体的结构、造型和墙面上所依附的设备等等,同时应自始至终地把整体空间构思、立意贯穿其中。然后动用一切造型因素,如点、线、面、色彩、材质,选择适当的手法,使墙面设计合理、美观,同时呼应及强化主题。下面略述几种典型的餐厅墙面处理手法:

(1)设大片玻璃窗,与室外空间在视觉上流通,把室外景观引入室内,增加室内空间活力,如彩图 5-37

图 5-11　地面毛石拼贴处理

所示。

（2）通过几何形体在墙面上的组合构图、凹凸变化，构成具有立体效果的墙面装饰。如图 5-12，利用方形体块和弧形体块构成墙面的变化，使餐厅独具特点。又如图 5-13，利用圆形母题的凹凸变化、组合构图，使餐厅空间统一中又富变化。

（3）合理使用和搭配装饰材料，使墙面富有特点、富有变化。如彩图 5-38，采用竹子装饰墙面，取得很好的效果。

（4）运用绘画手段装饰墙面。内容合适和内涵丰富的装饰绘画，既丰富了视觉感受，又能在一定程度上强化主题思想，如彩图 5-39、彩图 5-40。有时整面墙用绘画手段处理，效果独特，如彩图 5-41。

（5）把墙面和酒柜或其他家具综合起来考虑。如彩图 5-42 所示，利用整面酒柜来装饰墙面，效果奇特。

（6）利用光作为墙面的装饰要素，将独具魅力，如彩图 5-43 所示。

四、其他界面设计

1. 隔断

在餐饮空间设计中，往往需要隔断来分隔空间和围合空间，它比用地面高差变化或顶棚顶部造型变化来限定空间更实用和灵活。因为它可以脱离建筑结构而自由变动、组合。隔断除具有划分空间的作用外，还能增加空间的层次感，组织人流路线，增加就餐依托的边界等。隔断从形式上来分，可分为活动隔断和固定隔断。活动隔断：如屏风、兼有使用功能的家具，以及可搬动的绿化等等。固定隔断又可分为实心固定隔断和漏空式固定隔断。如彩图 5-44 所示，采用实心的石材矮隔断来划分空间，使被围合的空间更有私密性。又如彩图 5-45 所示，采用漏空通透的网状隔断，使空间分中有合，层次丰富。从材料运用来分，可分为玻璃隔断、木装饰隔断、竹子编排组合隔断、石材砌筑隔断等，如图 5-14、彩图 5-46、彩图 5-47。

2. 柱子

柱子一般可分为承重柱和装饰柱。承重柱的形状处理通常依据原柱子的形状，一般有方柱、圆柱、八角柱等等(图 5-15)。装饰柱因其不承重,形式比较自由灵活,且位置、大小可以多变,所以,有的时候可以把排列有序的装饰柱作为界面处理的重点。在柱子界面设计中,如能结合照明设计,往往可以取得独特的效果,如彩图 5-48、彩图 5-49。

图 5-12　墙面几何形体的组合变化

图 5-13 墙面圆形母题的凹凸变化

图 5-14　木装饰隔断

图 5-15　圆柱处理

第六章　餐饮建筑光环境设计

在餐饮建筑设计中,"光"是室内设计的重要元素,利用光可以展现空间,可以表现界面的不同质感和色彩,特别是光具有神奇的艺术魅力,利用它可以营造出独特的氛围和情调,这对于餐饮建筑来说,是格外重要的,是创造有个性的餐饮环境的有效途径。

我们把利用光所烘托出来的环境效果,称之为光环境。在餐饮建筑室内设计中,光环境设计具有不可或缺的作用。

光环境分为天然光环境和人工光环境两种。

第一节　天然光环境

罗马的万神庙,柯布西埃的朗香教堂,贝聿铭的东馆,都是大师们巧妙利用自然光,使建筑产生令人震撼的艺术魅力的不朽之作。英国建筑师诺尔曼·福斯特说过:"自然光总是在不停地变化着,这种光,可使建筑有特征,在空间和光影的相互作用下,我们可以创造出戏剧性。"这句话准确地表达出自然光是创造气氛,形成意境的极好手段。自然光的光和影,从早晨到傍晚,从春天到秋天,变幻无穷,以其丰富的表情和语言,为人们提供了愉悦的视觉效果,使静止的空间产生动感,使材料的质感和色彩更为动人。路易斯·康也是一位善用光线的大师,他说:"你建造了一间屋子,为它开上窗,让阳光进来,于是,这片阳光就属于你了。你建造房屋就是为了拥有这片阳光,这是多美的一件事啊!"

今天,随着生活的日益现代化,人们对周围到处充斥的人工化环境,产生了厌倦,渴望回归自然,如今,"室内环境室外化"已成为一种受人欢迎的设计时尚。餐饮建筑是一种富有生活情趣的建筑,贴近自然将受到人们青睐,因此,充分利用自然光,形成一种人工所不能达到的、具有浓厚的自然气氛的光环境,是建筑师和室内设计师的一种重要创作途径。例如,图1-1的日本某高速公路上的快餐店,它面朝海湾,景色迷人,快餐店高架在二层,除了厨房旁仅有的一点外墙,四面全为大片玻璃窗,视野十分开阔,快餐厅向着浩瀚的海面敞开,大自然的巨幅画卷尽收眼底:海天的变幻风云,滚滚的浪涛,风驰电掣般的游艇……使人与自然融为一体,在此小憩,十分惬意。

不同的侧窗有不同效果,水平窗使人感到舒展、开阔(彩图6-1);垂直窗有如条幅式的景观画卷;落地窗在首层面向庭园,可以取得亲切和贴近自然感(图4-11)。值得一提的是,在餐饮空间设计中,如果能从顶部引入自然光,将具有戏剧性效果,尤其是"夹缝式"餐饮店,其两侧甚至左、右、后三侧均被毗连建筑封闭,室内环境昏暗、闭塞,如果从顶部引入自然光,顿使整个室内空间生气盎然。人们透过天窗可以看到天光云影,了解真实的时光信息,打破置身于封闭六面体内的闭塞感(图6-1彩图6-2、6-3)。天然光随着太阳高度角的变化,可在室内产生变幻丰富的光影效果,极具感染力。由于进光口的大小不同,会产生不同的光影效果,当进光口大(尤其是顶光),室内光线明亮充足时,光投射到室内界面上,形成的是窗棂或构架的剪影,如图6-2,中庭上大面积的顶光将天窗窗棂的剪影落在作为吧台背景的镜面玻璃上,映射出天窗窗棂的流动曲线,不断在移动变化。在明媚的阳光映照下,室内生机勃勃,色彩艳丽的挂饰、葱郁的绿化……,共同烘托出一种明快、温馨的情调。而当进光口很小很窄时,室内十分幽暗,这束光落到室内大面积的暗背景上,形成一道形状清晰而纤细的亮光,时长时短,忽高忽低,神奇而有戏剧性,这是天然光的又一种艺术魅力。

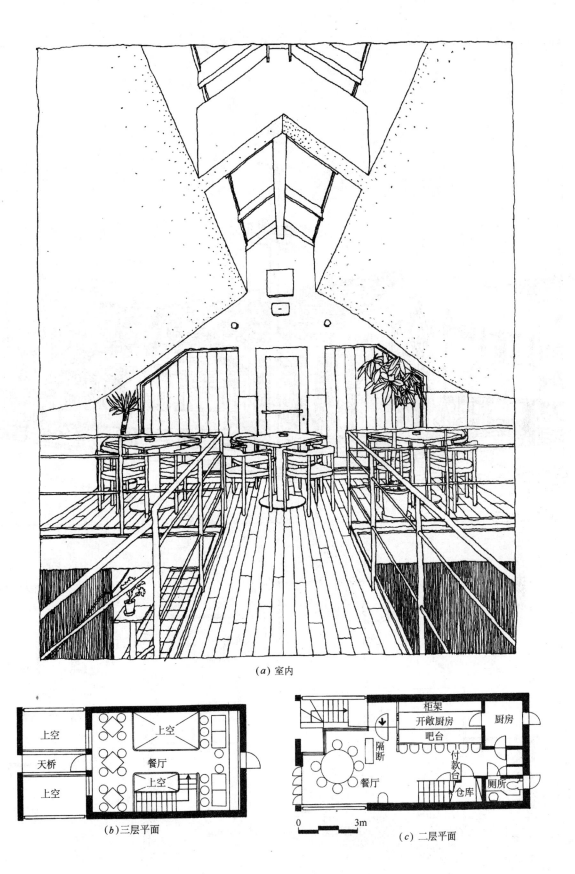

(a) 室内

(b) 三层平面

上空　　上空
天桥
上空
餐厅

(c) 二层平面

柜架
开敞厨房　厨房
吧台
隔断
付款台
餐厅
仓库　厕所

0　　　3m

图 6-1(日)　咖啡小屋的顶光及天桥

　　这是一条喧哗大街背后的一家咖啡馆,专为成年人提供的休憩场所,设计采用天然材料,并从顶部引入自然光,质朴、自然,在众多娱乐场所背后为人们提供一个恬静的空间。

(a) 外景

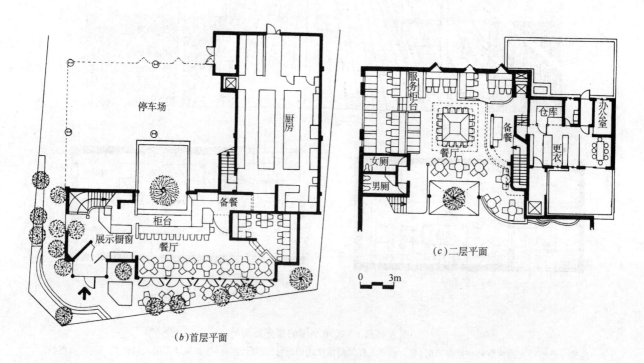

(b) 首层平面

(c) 二层平面

图 6-2(日)　独立式餐馆(一)

(d)室内

图 6-2(日) 独立式餐馆(二)

　　该餐馆为吸引年轻人,着重表达一种美国式的文化与信息,高高的顶棚、巨大的顶窗以及室内各种色彩缤纷的陈设,令人感觉不到二层的存在,这里是年轻人乐于光顾的场所。

　　屋顶上大片天窗使阳光倾泻而下,室内明亮欢快,生机勃勃。波浪形天窗其窗棂的剪影落在吧台旁的镜面玻璃上,剪影的流动曲线随时在不断移动变化。

第二节　人工光环境

　　由于受场地和种种条件的限制,有的餐饮店处于无窗或少窗的环境(如地下室、大型综合体内的餐饮店),难以采用天然光,人工光是必然的选择。况且,天然光只能用于白昼,而餐饮建筑是一种昼夜使用的建筑,有的甚至以夜间使用为主(如酒吧、咖啡厅)。人工光又具有天然光所没有的特点,有冷光与暖光,强光与弱光,可漫射又可聚光,或实或虚,或浓或淡,任你选择和组合应用,变幻无穷,可以毫不夸张地说,今天人工光技术的巨大进步,利用人工光可以渲染出任何一种你所需要的和所能想象的光环境。

　　需要指出的是,往往有一种误解,认为人工光的设计就是灯具设计,只看重灯具的布局、灯具在顶棚上的组合图案、灯具造型等等,并不关注灯具射出来的光会形成什么样的光环境,这是本末倒置的设计思维。因为灯具只是一种手段,是服从于光的设计的。首先,应该根据总体构思进行光环境设计,设想利用光要创造的是一种什么样的情调和环境气氛,再根据这个目的来选择和配置灯具。所以,应该是先有光环境设计,再进行灯具(或照明)的具体设计。

　　人工光除了照明的实用价值外,具有以下多种艺术价值。

(一) 表现空间,调整空间,限定空间

　　人工光与天然光一样,能表现空间,这是不言而喻的。但人工光的特点是通过改变光的投射,既可以使空间界面的反差强烈,突出空间造型的体面转折,又可以用明亮的光照来模糊空间界面的变化,减弱空间的限定度。

　　用人工光还能调整空间感,夸大或缩小空间的尺度,例如用反射光照射顶棚或侧墙的上部,可使空间感向上扩展,显得深远。

　　用人工光还能限定空间,划分领域,明确一个空间范围。因为一片光,能形成一个虚拟的"场",从而限定出一个心理上的空间领域。例如,在客席上方低垂的一片光带(图6-3),餐桌上方一个点光源所投射的区域(彩图6-4),都是用人工光来限定空间的实例。

图6-3　用光限定空间

客席上方一片低垂的光带,其投射的光成为一个虚拟的"场",明确限定出这组客席的空间领域。

（二）表现材料的质感及色彩

通过对光的强弱及投射角度的设计，可以充分表现材料的质感美，强化对质感肌理的表现（彩图6-5）。而人工光照射在不锈钢等有反射性能的材料上，交相辉映，可使室内气氛灿烂夺目。光还可以充分展现材料的色彩美，这是众所周知的。

（三）光的装饰性

用人工光可以形成光图案、光画、光棚（彩图6-4、6-12），具有特殊的装饰效果。因此，光也可以成为一种装饰元素。光与其他材质的巧妙配合，能产生美妙的效果，例如从一些镂空的装饰图案或装饰纹样的背面打强光，由于光的衬托，使图案和纹样更为突出，更具装饰性（彩图6-6、6-7）。

灯具本身又有很强的装饰性，往往是室内环境的精美点缀（图6-4）。

（四）烘托环境气氛，营造某种情调和氛围

这是人工光环境的最大特色和最有魅力之处。

人工光有多种颜色，也有冷、暖之分。暖色调的色光，能产生温暖、华贵、热烈、欢快的气氛，而冷色调的色光，会造成凉爽、朴素、安静、深远、神秘之感。在餐饮环境设计中，常用色光营造出特别的情调和氛围，如彩图6-8的酒吧，蓝色光的烘托，使人犹如置身于幽深的海洋或深邃的夜空，有种神秘感。而彩图6-9的咖啡厅，在四周黝黑的背景衬托下，红色光落在地板和墙上的光束和光晕，使空间在神秘中有种刺激感。而彩图6-10的烛光、高耸的空间、列柱、拱顶及壁画，使餐厅有了教堂般的气氛，客人很喜欢在这里举行结婚仪式和婚宴、团体聚会。对同一室内环境，如果用不同的色光照射，又会产生迥然不同的气氛（彩图6-11a、b）。

第三节　餐饮光环境的明暗

不同的餐饮空间，其人工光环境的明暗应该不同。但在这里我们不讨论分别该用多少照度，因为所追求的效果不同，照度会有很大差别，我们只是从对光环境的感觉上讨论明暗问题。

光环境的明暗能直接影响室内气氛，明亮的光环境使人兴奋、快乐，而幽暗的光环境让人安静、平和，有种脱离尘嚣的宁静，使人不由自主地低声言语。因此，不同的餐饮空间应采用不同的明暗，以营造适宜的气氛。宴会厅要光照明亮，以营造出热烈欢快、富丽堂皇的气氛。快餐厅要光照充足，气氛轻松、活泼、温暖，孩子们可以大声笑闹。除此以外，其余餐饮空间人工光环境的照度就不能太高，否则，如果光照如昼，一切清晰可辨，会让人感到缺乏私密感，受人众目睽睽。尤其是酒吧，一般都光线幽暗，远处的人和物只是依稀可辨，气氛静谧而充满私密感，宜于客人长时间逗留，娓娓而叙。而餐厅则要比酒吧的照度要高些，给人以轻松、舒适感。

一般说来，餐饮空间可采用环境照明与局部照明相结合的方式来控制不同明暗的需要，用环境照明恰当地照亮空间环境和营造相宜的整体氛围，再用局部照明突出某些重点部位，如艺术精品和陈设，将人的视线吸引到有文化氛围和体现情调之处（彩图6-12）。如果环境照明偏暗，要用局部照明让餐桌亮一点，以便看清菜单、食物和报纸，并形成一个只属于该桌客人的光照的空间领域（彩图6-4）。

图 6-4　灯具是室内的精美点缀

　　这是家供人饮茶的店,一排排灯柱既分隔出不同的饮茶空间,又成为室内的装饰点缀,左侧的灯向客席投射,而右侧牵牛花状的灯则向顶棚投射,形成一朵朵光晕,颇有装饰效果。

第七章　餐饮建筑家具与陈设设计

第一节　餐饮厅家具设计

　　餐饮厅家具是餐饮厅室内环境的重要组成部分,与餐饮厅室内环境设计有着密切关系。在各式餐饮厅中,人们借助餐桌、餐椅、吧台等来就餐、就饮和展开各种活动。同时餐饮厅中的家具占地面积要比一般起居室、办公室等的家具占地面积大得多,甚至整个厅堂为桌椅所覆盖,因此,餐饮厅的气氛、面貌在一定程度上被家具的造型、色彩和质地所左右。餐饮厅的家具主要包括:餐桌、餐椅、餐柜、接手台及部分放置装饰品的家具。厨房部分主要包括:清洗台、切配台、食品柜、灶具等以及各式电器部分。其次还有和界面不可分割的龛式酒柜、吧台等。它们与餐厅内部环境的各界面和陈设物一起共同作用,相辅相成,构成餐饮厅室内的整体环境。在餐厅的具体设计中,很重要的工作便是考虑怎样布置家具来满足人们的餐饮要求,以及从空间环境和特定氛围塑造出发,来确定家具的式样和风格。

　　家具的功能具有双重性,既有物质功能,又有精神功能。前者,除满足人们就餐就饮及相关后勤操作活动的功能外,还具有分隔空间、组织空间的功能。比如一个大的餐厅空间往往可以利用家具的灵活布置划分成不同的就餐区域,形成大小各异的就餐空间,并通过家具的安排来组织人们的活动路线,使人们根据家具安排的不同去选择就餐的合适场所,这在餐厅的平面布置中较为直观(见图7-1～图7-3)。另外,有的家具本身就能围合空间,如火车座式的餐座,可以围合成一个个相对独立的小空间,以取得相对安静的小天地(图7-4、图7-5)。家具的精神功能在餐厅设计中也很突出,由于家具在餐厅空间中占据很大的分量,客人就餐时,家具又往往成为眼前最直接的视觉感受物,所以餐厅家具成为人们感受环境气氛的首要部位。设计精美、具有艺术性的餐饮家具能陶冶人的审美情趣,体现民族文化(彩图7-1),营造特定的环境气氛(彩图7-2),还具有调节餐厅室内环境色彩等作用(彩图7-3)。

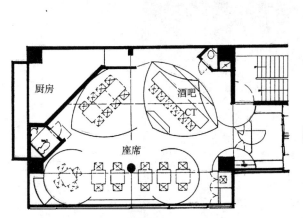

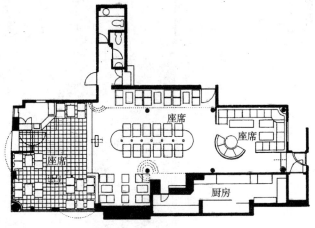

图7-1　用座席布置,划出不同餐饮空间　　　　图7-2　用座席布置,形成不同餐饮空间

　　在餐厅设计中,无论是设计家具或选配家具都要首先考虑餐厅的整体环境。家具作为餐厅的组成部分应与总体风格相协调,与整体环境相匹配(图7-6)。否则,再精美、再有特色的家具也要舍得割弃,以免风格杂乱没有章法。同时,要考虑满足人的使用要求,即人们在使用它时感到方便、舒适、合理,有利于摆放、组合和便于清洗等。另外还要求它能为就餐环境增添艺术美的感受,也就是说要满足人的审美要求,使人赏心悦目。

105

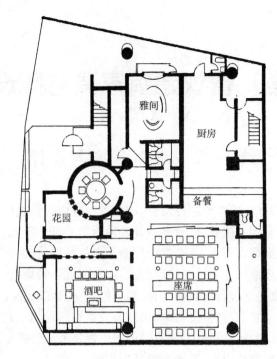

图 7-3　座席布置

图 7-4　相对独立的小空间

图 7-5 火车座式的餐座

一、客席的平面布局

餐馆和饮食店的客席布局要通盘考虑使用要求、空间设计、人体尺度及行为心理需求。

餐饮厅客席的平面布局首先要满足就餐就饮的使用、交通、工作服务等的功能要求,通过平面的合理组织,把许多餐桌紧凑有序地安排在一个餐饮空间里,通道和酒吧也都设置在方便的位置上,厨房和餐厅的关系既密切又有分隔。

在一个餐饮厅里,客席往往划分为若干区,客席的分区又往往与空间划分是一致的。首先是通过空间设计,如地面或顶棚的升降,隔断、围栏、绿化、灯、柱等等的围隔,将餐饮厅划分为若干个既有分隔,又相互流通的空间,再在每个小空间里布置客席。因此客席的分区要符合空间设计的意图,每个空间的客席布置往往采用不同方式,既增添了空间的趣味性,又为客人提供多种客席的选择。

餐厅客席的平面布局根据立意可有各种各样的布置方式,但应遵循一定的规律,有两点是必须注意的,即秩序感与边界依托感。前者从秩序条理性出发,后者是考虑人的行为心理需求。此外,还要考虑主体顾客的组成及布局的灵活性等。

1. 客席布局的秩序感

秩序是客席平面布局的一个重要因素。理性的、有规律的平面布局,能产生井然的秩序美。规律越是单纯,表现在整体平面上的条理就越严整,反之,要是比较复杂,表现在整体平面形式上的效果则比较活泼,富有变化。换句话说,简单的客席平面布局整体感强,但易流于单调和乏味。复杂的客席平面布局富于变化和

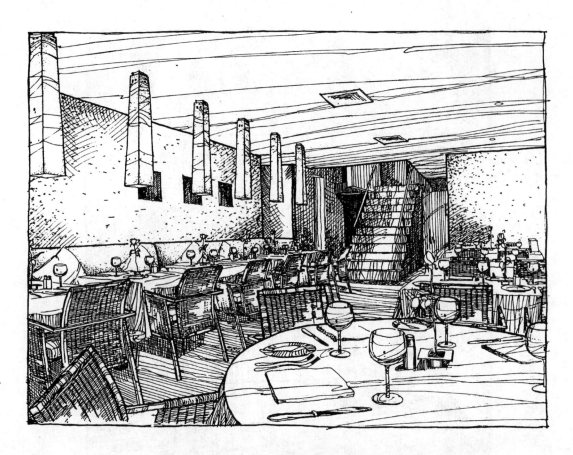

图 7-6　家具设计与总体环境相协调

趣味,但弄不好会零乱、无序。因此,设计时,要适度把握秩序感,使平面布局既有整体感,又有趣味和变化。

2. 营造边界,使客席能依托边界

如第四章所述,人喜爱逗留的空间是有边界的区域,因为边界给个人空间划定出专有领域,使个人空间受庇护(图 4-47)。因此,从人的行为心理需要出发营造边界,创造有边界的客席,也是客席平面布局的主要设计原则。除了宴会厅以外,一般都应争取使每个餐桌在一侧能依托某个边界实体,如窗、墙、隔断、靠背、栏杆、灯柱、花池、水体、绿化等等,使客人有安定感和个人空间的庇护感,尽量避免四面临空的客席。

3. 考虑顾客组成,使客席布局灵活多变

不同的餐饮店其主体顾客组成不同,客席的布置要针对本店的主要顾客组成来设计。例如位于写字楼及商务公司附近的高档餐馆,其客源以商务宴请为主,以应酬交往为目的,餐桌多布置为正餐宴请方式,8~10 人桌为主,部分为 4~6 人桌,并应配以雅座间(1~2 桌),以示宴请人对宾客的尊重,并使饮宴气氛不受干扰。而位于购物中心内的餐饮店,多属快餐,顾客以女性及年轻人为主,餐桌布置应以 2~4 人桌为主,还要设些单人餐桌,使每组客人都有自己的领域感,避免与陌生人同桌共餐。客人在果腹充饥的同时,希望得到休憩、放松,喜欢人看人,一般无需雅座间。

针对客人惠顾餐饮店的不同动机,每组客人数会不同,餐桌布置要适应这些需求,下表的客人惠顾动机及相应人数供参考(表 7-1)。

惠顾动机与相应人数参考表　　　　　　　　　　　　　表 7-1

惠顾动机	填饱肚子	约会	恋爱目的	消遣	与朋友交谈	商务会谈	各种会餐	家宴婚宴生日宴	同学会	中型宴会	大型宴会
人/组	1~3	2~4	2	1~4	2~6	2~10	4~20	6~20	20~50	30~50	50~100人以上

餐桌的布置还应有灵活性。当每组客人数少时,布置为 2 人、4 人桌,一旦需要又可拼为 6 人、8 人、12

人的条桌。有的雅座间可以为两桌,也可以随时打开吊挂的活动隔断,变为单桌的雅座间,等等。

二、客席布置与人体尺度

餐座是人在餐饮店停留期间的主要逗留处,餐座设置除要考虑人的行为心理外,还必须适于人体尺度,只有这样,餐座才是舒适的。餐座的设置直接影响就餐环境的舒适水平,应予以重视。

根据人体尺度,餐座布置主要考虑以下问题:客流通行和服务通道的宽度,餐桌周围空间的大小等等。对自助餐厅来说,还要考虑就餐区与自助菜台之间的空间距离。对酒吧座来说,主要考虑售酒柜台与酒柜之间的工作空间、酒吧座间距、酒吧座高度与搁脚的关系、与柜台面高度的关系等等。常用餐厅家具相关尺寸见图7-7~图7-11。

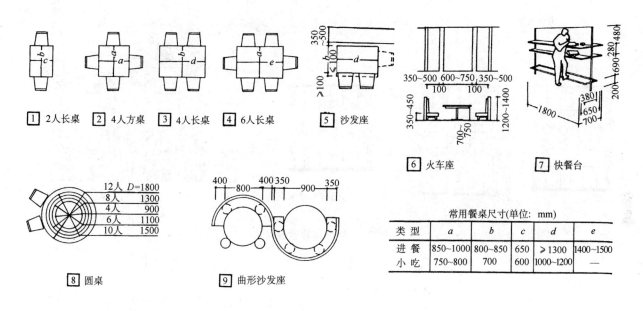

常用餐桌尺寸(单位: mm)					
类型	a	b	c	d	e
进餐	850~1000	800~850	650	>1300	1400~1500
小吃	750~800	700	600	1000~1200	—

图 7-7　常用餐桌尺寸

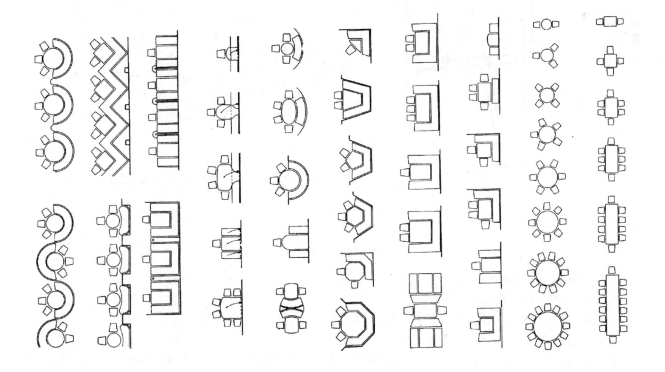

图 7-8　常见餐桌布置形式

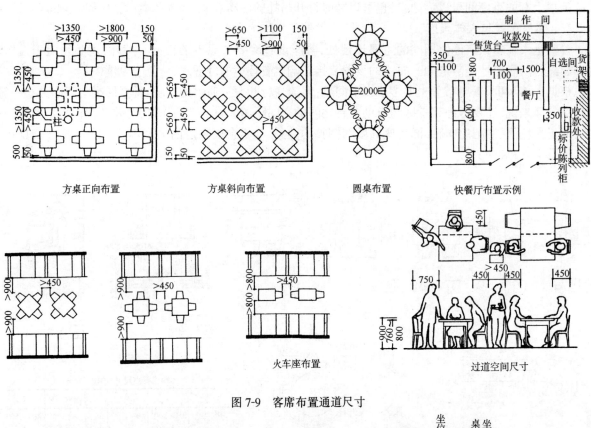

图 7-9 客席布置通道尺寸

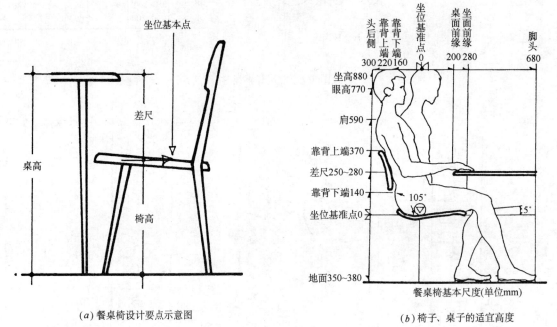

(a) 餐桌椅设计要点示意图   (b) 椅子、桌子的适宜高度

图 7-10 差尺及桌子、椅子的适宜高度

三、餐饮厅家具设计要点

1. 家具与人体工程学

在餐饮厅中,人更多地与室内家具接触,顾客就餐、就饮是一种坐着的行为。因此家具的设计,特别是椅子的设计,更应引起设计者的重视。这里,人体工程学是我们科学地设计家具的第一依据(图 7-10)。设计者通过研究人的坐姿与椅子支承构件的相互关系,大腿和臀部的自然曲线与坐面的关系,靠背的支撑与人体上背部的着力部位的关系,座椅表面与餐桌底面之间给大腿和膝盖所留的空间大小,等等,使设计的座椅使用起来感到舒适、放松。同样,通过对人体尺度的把握,使设计的椅子宽度、高度,桌子高度、宽

110

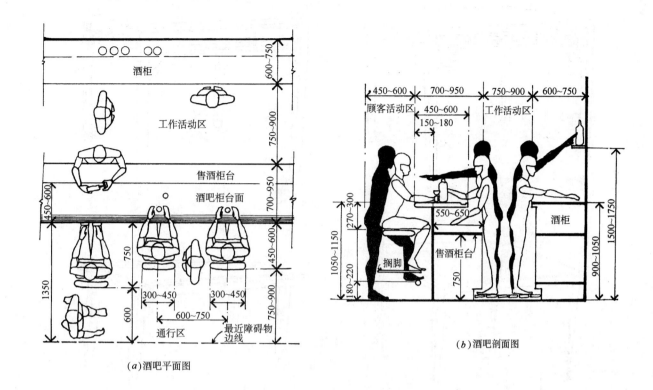

(a)酒吧平面图

(b)酒吧剖面图

图 7-11　典型酒吧座尺寸示例

度,以及椅子与桌子之间的相对高差,都有了比较准确的尺寸。

2. 家具的造型设计

家具的造型设计要综合运用点、线、面、体、色彩、质感等造型要素。根据形态,家具可分为:线型家具、面组合家具、体块家具。以直线或曲线为主要造型手段的线型家具,一般都显得比较灵巧、空透,适合快餐类餐厅使用。以各种面组合为主要造型手段的家具,较具观赏性,形式多样,适合各类性质的餐厅。以体块结合为主的体块家具,如沙发类家具,较沉稳、舒适,适合咖啡厅、酒吧、夜总会等场所。

色彩是家具造型的基本要素之一,在家具设计中较好地运用色彩,可以取得赏心悦目的艺术效果。家具的色彩对整个餐饮厅空间环境设计也能起决定性的作用,设计得好的家具色彩可以使室内生辉,反之则会对室内效果产生破坏作用。

家具的不同材料、质感处理也是家具设计的关键。一般来说,家具材料的质感可以从两方面考虑:一是材料本身所具有的天然质感,一是对材料施以各种表面处理加工后所显示的质感。木材、竹、藤、柳条、塑料、金属和玻璃,由于质地各异表现出各种不同的质感。木质家具给人以亲切温暖的感觉,其自然纹理又显示出一种天然美;金属加工后,可以体现其工业美;而竹、藤、柳条等家具则可以产生一种质朴美。另外在家具设计中,还可以运用几种不同的材料相互配合,以产生不同质地的对比感。

3. 家具的风格

餐桌餐椅作为一个单体,其本身应该造型优雅、美观大方,具有时代感和民族性。在中国,家具的设计、制作具有悠久的历史。中国家具历经各个时代的风格变迁,但始终保持其构造特征和精真简炼的遗风,特别明显地表现在注重构造简朴的硬木家具上。中国日用家具装饰严谨,不带虚假,显现出有力的造型和实用的性质,散发着纯真、刚中有柔、光洁匀称的艺术魅力。在现代餐厅的家具设计中提取传统的精神,借鉴传统的形式,不失为一种设计的好方法。此外,欧美国家传统的家具设计和现代派的家具设计同样可以洋为中用,为创造不同民族风格的餐厅增添色彩。比如有些大型的餐馆,其内部设置不同国家、不同地区装饰风格的特色豪华包间,其所以有特色与室内各界面的精心设计及具有强烈地方传统和民族传统风格的家具配置分不开,下面略举几种风格的桌、椅例子,供参考(图 7-12～图 7-15)。

高桌   高桌

设计人Jordi Garreta（意大利）   设计人Ugo Lapietra（意大利）

设计人 Umberto Asuago（意大利）   设计人 Gabriel Teixido（西班牙）

设计人Alberto Lievore（西班牙）   设计人Llio di Lupo（意大利）

图 7-12　餐桌选例

设计人 Arch.M.A.A.IDD Tom Stepp（丹麦）

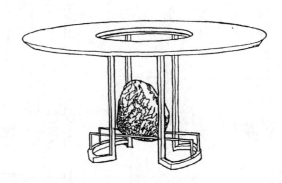

设计人 Rob Eckhardt（荷兰）

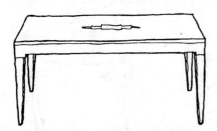

设计人 Umberto Asnago （意大利）

设计人 Umberto Asnago（意大利）

设计人 Lola Castello（西班牙）

设计人 Mingo Jorgensen（挪威）

设计人 Vicente Blasco/Angel Marti（西班牙）

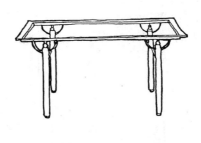

设计人 S.Molteco（意大利）

图 7-13 餐桌选例

扶手椅　　　　　　　　　扶手椅　　　　　　　　　靠背椅

靠背椅　　　　　　　　　圈椅　　　　　　　设计人Claudo Dondoli（意大利）

设计人Pedro Miralles（西班牙）　　　设计人Enric Gil（西班牙）　　　设计人Josep Mora（西班牙）

图 7-14　餐椅选例

设计人 Alfredo Arribas(西班牙)

设计人 Kisho Kurokawa（意大利）

设计人 Pietro Arosio（意大利）

设计人 A.Marti（西班牙）

设计人 Arch Castiglia Associati（意大利）

设计人 Ugo La Pietra（意大利）

设计人 Giorgioy Max Pajetta（意大利）

设计人 Christian Duc(法国)

设计人 Steinar Hindenes(挪威)

图 7-15　餐椅选例

第二节　餐饮厅陈设设计

一、陈设品的作用与选取原则

餐厅内部陈设品的作用,除良好的观赏效果外,其最大贡献应在于强化室内环境的性格品质,烘托出某种特定的氛围。例如,将传统的国画或书法,挂在有中国传统风格的餐厅之中,大大强化了空间的个性风格。同样将观赏植物移入具有自然田园风格的餐厅之中,不仅改善了小气候,赏心悦目,且对营造自然情调和浪漫诗意注入了活力。

餐厅室内陈设用品的范围极其广泛,一般可分为装饰性陈设品和功能性陈设品。装饰性陈设品包括:工艺品、书法、绘画、雕刻物、陶瓷、玉器、纪念品和观赏植物等等,通常都具有浓郁的艺术情调和装饰效果。功能性陈设品包括:餐具、桌布、餐巾、容器、花瓶、烟具、窗帘、灯具等等,在满足功能的情况下,强调造型和色彩,兼有观赏性。

陈设品的设计与选取,应着重注意以下原则:

(1)主题明确,应与餐厅风格相匹配,与餐厅整体构思立意相呼应,尤其是字画和工艺品类陈设物的设置。

(2)选择陈设品的类型,应注意与墙面、台面及各类室内构件的组合和搭配,刚中有柔、虚中有实,与室内环境相互烘托。

(3)注重陈设物的造型和色彩,使其与室内色彩协调,又成为室内的点缀。

(4)注重陈设物的尺度和大小。

(5)注重多种陈设物的构图和相互之间的关系,尽力做到主次分明,轻重有秩。

二、陈设的应用手法

1. 以陈设作为强化餐厅环境品质的一种手段

理想的餐厅室内空间环境要靠"实体"的设计加以实现,以折射出某种可以陶冶、升华人们心灵世界的情感。室内陈设作为"实体"的一部分,其作用必不可少,有时甚至是至关重要的。界面设计有时容易陷入公式化、概念化,而陈设设计有很大的弹性,内容丰富广泛,富有特色。如设计时用装饰物、图案、文字、景物、各种艺术品和纪念物等诱发人们去联想,使人通过知觉去体会、把握其深刻的内涵,产生认识与情感的统一,给人以启示、诱导,增强室内环境的感染力。

在具有中国传统风格的餐厅设计中,用装饰陈设来强化主题,营造氛围甚是多见。例如使用丰富洗炼、朴实高雅的图腾形象和各式图案来体现人们对美好、富庶、吉祥的向往与追求。或用像形、意会、谐音等手法来寄托精神,表达感情,比如:百合、鸳鸯代表百年好合;蝙蝠、寿字代表福寿双全;龙、凤象征龙凤呈祥;鸾、凤代表鸾凤和鸣;芙蓉、牡丹代表荣华富贵;松、竹、梅代表岁寒三友;梅、兰、竹、菊组成四君子等等。具体做法往往通过匾额题识、字画的悬挂、玩器的摆设和透窗借景等方式,创造出一种含蓄而优雅的境界。现代的仿古餐厅,也有悬挂风筝、大折扇和民间工艺品的,这种设计流露出潇洒飘逸的气韵,让人感到亲切温馨。灵活运用传统装饰手段,是使餐厅具有文化内涵的一种方法。

2. 以装饰陈设品作为餐厅的主题

餐饮文化随着人们生活品味与格调的提高而备受关注,因为餐饮厅不仅提供人们美食,同时更以餐饮空间的整体环境给顾客以视觉、听觉等感觉上的愉悦享受。一般的设计方法,常常把餐饮的种类与装饰的风格相互配合,比如西餐厅设计为欧美风格,日式料理设计为"和风"。有时可以以装饰陈设品作为餐厅的主题,关键在于主题的选取与设计手法的巧妙运用。如彩图7-4所示,采用装饰性汽车摆设来点明餐厅的主题,其平面布置和界面设计都顺应了与汽车有关的形式和内容,主题思想极其明确。通过陈设品的装饰来点明餐厅的主题,营造一种特有的气氛,有时往往取得意想不到的效果。

例如由成和室内设计有限公司设计的北京滚石餐厅(HARD ROCK CAFE,BEIJING)。这家美式餐厅的最大特色和主题就是餐厅内布满各种与摇滚音乐有关的装饰摆设。该餐厅分店遍布世界各地,深受客人的喜欢,首间滚石餐厅于1971年在伦敦开业,一直延续同一种装饰风格,成为主题餐厅的典范。北京滚石餐厅中有一供现场演奏的舞台,舞台背后镶有三幅着色落地玻璃,玻璃上绘有西方著名摇滚乐手的肖像,灯光从玻璃背后放射光芒。设计师利用空间高的优点,在天花中饰以一幅大型彩绘装饰画,画有欧美摇滚乐队的肖像,可见披头士乐队、滚石乐队站于天安门及长城之前。加之餐厅内的地板,墙壁及家具均采用木材,更能突出餐厅内的各式摆设,点明了餐厅的主题(彩图7-5,彩图7-6)。

第八章　餐饮建筑立面、环境设计及其他

第一节　立面构思与造型设计

一、店面设计的作用和分类

　　餐饮建筑的店面设计是餐饮建筑设计中的一个重要组成部分。餐饮建筑的店面承担着吸引顾客、招徕生意的任务。它好像人的脸孔对于人的形象一样重要,是最引人注目、给人留下第一印象的部分。餐饮建筑的立面设计是一项难度很高,需要各种综合性知识的工作。它涉及到店前的场地大小、大门形象、入口空间、食品展示、外卖窗口、霓红灯、招牌广告、停车场、绿化等因素。建筑师必须综合考虑各项因素,结合各种装饰技巧,构思设计出与众不同,强烈感人的店面。一个好的店面设计,不仅能吸引更多的顾客,获得显著的经济效益,而且能够美化自身,表达对顾客的尊重,装点和丰富城市的景观环境。

　　餐饮建筑的店面有吸引顾客、传达信息、促进营销等功能。它通过自己的广告、招牌、霓红灯、立面装修及体型变化等向顾客表达本店的等级、经营特色、菜肴菜系、服务内容等重要信息,使顾客一望即知该餐厅的类型和消费水平。餐饮店面的设计需要"表里一致,货真价实",外观的总体形象要与其内部空间的形象相呼应,与其提供的餐饮食品相关联。不同等级和特色的餐馆,在店面装饰上要明确的表现出来,这样可以使消费者通过直观感觉得到正确信息,而不会产生"上当受骗"被人"宰一刀"的感觉。

　　餐饮建筑的门面设计还是社会与经济发展的温度计,是本国文化与民俗传统展现的窗口。当社会发展经济繁荣时,店面设计也会提高等级,不断更换,推陈出新。而一些地方特点、文化传统、民族艺术是餐馆门面设计时可以充分利用的"背景素材",餐馆可以通过这些来突出自己的风格和特色,招揽生意并取得顾客的青睐。某些地方利用传统文化形成民俗小吃街,通过整条街富有特色的装修形象,取得声势,从而达到吸引顾客,提高知名度的目的。

　　前面说过,餐馆一般可分成三种类型:第一种是建在城市繁华街道上的夹缝餐馆;第二种是设在大型商业建筑、写字楼、旅馆建筑内的餐馆;第三种是设在郊外或周边有一定空间的独立式餐馆。前两种餐馆多数只有一个到二个对外的立面,由于可表现的体面有限,所以常把立面整体作为广告门面来设计,突出整体形象。而独立式餐馆,则可利用视野开阔的优势,多注意体型的变化,环境的衬托,达到突出的目的,见图8-1、图8-2。

二、店面设计的构思与风格

　　近年来,餐饮业迅速发展,在城市繁华街区餐饮店鳞次栉比。但在这些相近的店面中,人们会注意到,有的餐饮店高朋满座,而有的店则门可罗雀。原因何在? 受顾客欢迎的餐饮店,除了味美价廉、经营有方外,另一个重要的原因是店面具有出众的魅力。店面新颖的造型,独特的风格,包括清洁的印象,是准备就餐客人的第一选择。因此餐馆门面有一个好的构思十分重要,它会给餐馆带来直接的经济效益。

　　一个好的设计构思含有多方面的因素,归纳起来主要是在店面的设计与装修上,要突出体现新、艳、奇三个特点。

　　所谓"新",就是店面设计构思有新意,外观造型、装修材料及装饰做法新。

　　"艳"指店面造型丰富多彩,它是通过丰富的立面构图和鲜艳的色彩装饰来体现的。例如店面装饰色彩对比强烈,匾牌、灯箱鲜明夺目,霓红灯广告变幻多彩等。

　　"奇"是指店面设计构思与众不同,店面造型总效果表现出显著的特征与风格。诸如地方民俗风采、历史文脉特征、建筑流派风格、新的流行时尚等。

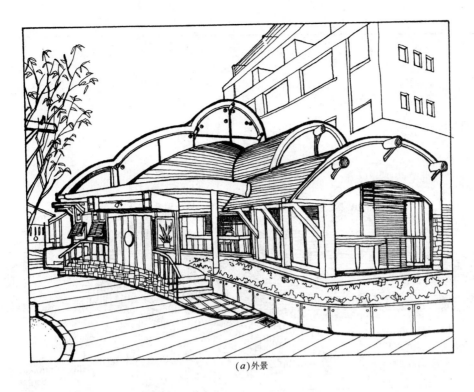

(a)外景

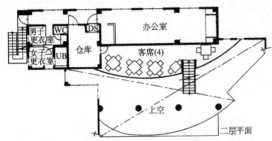

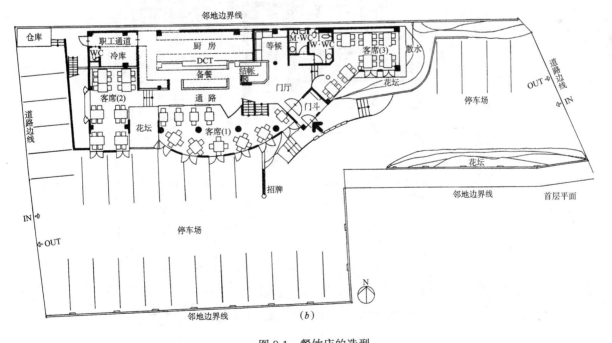

(b)

图 8-1　餐饮店的造型

某餐馆把屋顶做成弧形,高低错落,突出整体形象,从而与周围方盒子建筑形成对比、脱颖而出。

(a) 外观

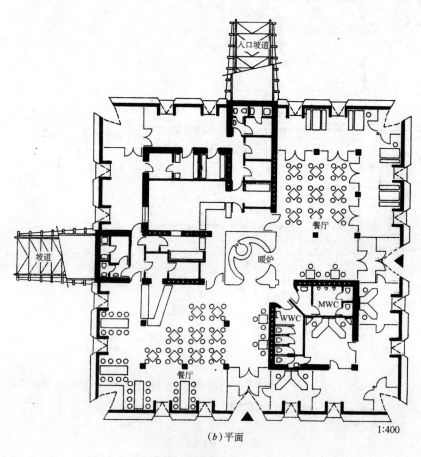

(b) 平面

1:400

图 8-2 郊外餐厅(一)

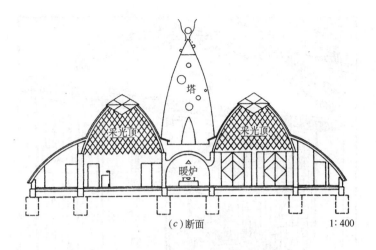

（c）断面 　　　　　　　　　　　　　　1：400

图 8-2　郊外餐厅（二）

　　该餐馆位于东欧匈牙利的一片草原上，其造型模仿游牧民族传统的帐篷形式，壁面用缓缓的曲线与开设着采光排烟窗的屋顶相连。整个建筑是由四个"帐篷"簇拥着中间一个"古塔"的形式构成的。其外轮廓起伏强烈，在平缓的大草原上十分突出醒目。

　　店面风格是指店面设计与造型的特色与风采，它对增强店面识别性和表现店面魅力起着重要的作用。餐饮建筑中的店面风格往往与餐馆内部空间的形式、经营的菜系有关。比如做西餐馆的店面设计时，会采用一些欧风建筑的词汇，如石材墙面、拱券、柱式等；日式餐厅则多用木装修，把门面做得尺度亲切，门窗划分出日式的格子；较高级的中餐馆，可以沿用中国古代对称的构图形式，配上铜门石狮表现庄严和高贵，见图 8-3、图 8-4、图 8-5；地处江南水乡的餐馆，可从尊重地方民俗风格的角度出发，采用底层开敞上门板的形式，以及坡屋顶、挑檐、白墙、灰瓦、棕红柱子等建筑词汇与民居融合为一体。

图 8-3　欧风餐厅店面

　　入口门廊处一对经过变形处理的欧风柱子与檐口处的弧线造型形成呼应，窗处的拱形窗套也是简化后的新欧风形式。

图 8-4 和风餐厅店面

入口处竹篱笆式的栏杆、鹅卵石、踏步石,以及细腻的格子窗等,都是典型的和风建筑词汇。

图 8-5 中餐厅店面

采用对称式构图,两边巨柱与石狮,突出店面的庄重。门与门套的细腻装饰表现出餐饮店的性格。

以家庭、儿童、妇女为主要对象的餐饮店,其风格应迎合儿童、妇女的心理特点。例如面向女士、小姐开设的小餐馆、咖啡馆,可多采用纤细的曲线,细腻的铁饰雕花来装饰门面。对于儿童来说,餐饮店的立面及造型最好具象化,比如把快餐店做成面包夹香肠的形象,或做成飞机、船的造型,这会使儿童们便于识别、称呼,会描述着形象要求家长第二次再来,见图8-6、图8-7。

图8-6 受妇女欢迎的店面

该餐厅采用优美的曲线和细腻的铁花雕饰来装饰店面,配以绿化和摇椅,有一种温柔、浪漫的情调。

图8-7 受儿童喜爱的餐饮店造型

餐饮店的外形设计成飞机形象,具有强烈的识别性。儿童们会把进餐厅看作是进游乐场,充满幻想。

在现代城市中的餐厅,其店面设计还常常追崇时尚。一些餐厅为了吸引青年人,把店面做成后现代派、解构主义形式,造型和色彩非常奇特,达到令人惊讶的地步。这种具有强烈刺激感的店面设计与一些酒吧、迪厅的性格十分相符。有些机械式、鬼怪式、梦幻式的店面,紧紧抓住青年人好奇的心理和想换个环境彻底放松的心情,用闪烁的灯光、奇怪的音乐,把青年人彻底"俘虏",使其情不自禁地走进去,见图8-8、图8-9、图8-10及彩图8-1,彩图8-2。

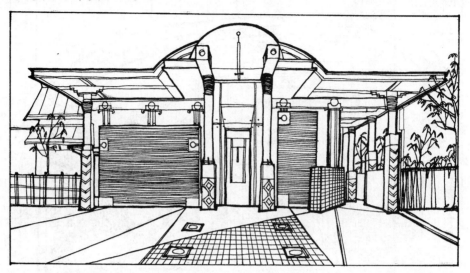

图 8-8　机械派风格的餐饮店面

建筑采用现代新材料,强调复杂的节点构造和整体的机械美感。

图 8-9　废墟式餐饮店面

似乎是船、又像古代神庙,它的形象已模糊不清,它已与泥土、岩石生长在一起。耸立在现代化城市中的这一餐馆造型,十分奇特,独树一帜,给人留下深刻的印象。

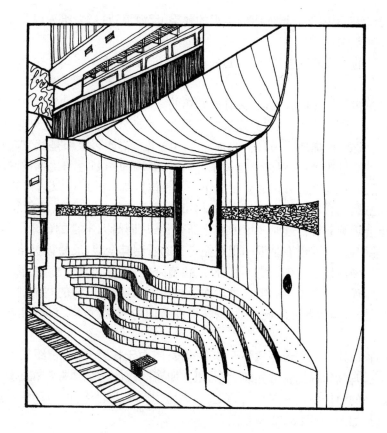

图 8-10 迎合青年人口味的餐饮店面

该店全都采用素混凝土材料的立面,似乎表情冷漠,但台阶、檐口等处强
烈的曲线,表现出内在的活力。

三、店面设计的原则

餐饮建筑的门面虽然看上去百花齐放,十分随意,但从总体看,仍需要遵循一些基本原则:

1．遵循形式服从功能的原则

无论店面形式怎样变化,必须保证功能适用,例如门必须保证一定的大小使人出入方便,不能因为单纯追求形式美而影响使用。尽可能使用先进技术,使造价经济合理,不能因为设计的随意,造成人力、物力的浪费。

2．正确运用形式美的构图规律

构图规律中"对立统一"是万变不离其宗的最基本的规律,餐饮建筑的店面设计从经营角度出发,比较注重标新立异,追求对比与变化。但把店面整个做为一个设计体来看,仍要注意局部与整体的和谐统一。例如门窗的形式有一定规律,几种不同位置的广告灯箱在色彩或造型上有某种统一要素等。如果店面处在一个已有一定风格的商业街中,还要注意与景观环境的协调,保证街道景观整体的统一性及和谐美。

3．正确反映餐饮店的经营内容

这里包括餐饮店经营的类型、等级,餐饮店经营的菜系和特色,餐饮店服务的对象和范围。比如为工薪阶层开设的餐饮店的立面应与为白领阶层开设的餐饮店在形式上有所区别,使人一目了然,否则会让人望而却步不敢进入。相反,内部空间很大、档次很高的餐饮店也应该通过门面的造型反映出来。

一些经营特色菜系的餐饮店,店面设计上应注意采用相应的建筑词汇。如果店内经营西餐,而店面却采用灯笼,匾额等中式建筑词汇,会使人发生误解,有"挂羊头卖狗肉"之嫌。

4．遵循"少就是多"的设计原则

餐饮建筑的店面设计与装修并不是在外立面上进行简单的材料叠加,而应根据餐饮店的地理位置、空间体量、经营特色等具体功能,合理地确定其外部形式与装饰手段。找出趣味中心,在入口、标牌等重点部位精心处理,而把大面积的墙当作陪衬,做整体统一处理,会收到事半功倍的效果。那些盲目使用高档材料,乱加匾额、灯箱的作法,不但不能增加店面美观的效果,反而浪费材料,给人以繁琐和庸俗化的感觉。

四、店面设计的手法

餐饮店面造型设计的手法多种多样,归纳起来可从两个方面入手:

1. 外形与屋顶

繁华街道中的餐馆多数是夹缝式餐馆,夹缝式餐馆的立面要考虑与两边建筑的关系,其中顶部的处理是关键。可以采用标新立异的手法,与两旁建筑形成对比,例如两边是平顶,此处采用坡顶。也可尊重街区的原貌,保持统一的风格,谦虚地成为其中的一分子。底层是餐饮店上部是其它功能的建筑,餐饮店面要注意与上部主体建筑的形式、风格保持一定关系,例如注意墙面的划分与比例的呼应,材料的质感与色调的协调等。有时把底部二到三层餐馆的立面当作一个整体做统一处理可以达到扩大门面的效果。

临街的餐饮店面虽然只有一两个立面对外,但仍可给顾客一个立体形象,要争取把店面平板的造型立体化。由于立体形象会随观看者行进时角度的变化而变化,从而给人丰富的印象。但有些设计采用过大过高的造型,在狭窄的街道上,因没有足够的视距能完整的看到其全貌,反易被过路的顾客忽视。

在大型商厦和写字楼内设立的餐饮店不临外墙,没有外立面,其店面在室内,因此除了突出本店特色外还要考虑楼层内整体环境的要求。一般这类店面受到层高的限定,门面的宽窄、门额的高低有时需要遵守统一的规则,以取得楼层整体环境的统一效果,然而在店面的造型、色彩、材料等方面,设计师仍有很大的创造余地,见彩图8-3。

郊外的独立式的餐饮建筑首先应注意整个外形的设计,由于视野开阔,视距较远,开车行进时速度较快,轮廓线丰富的建筑,有高耸标志物的建筑,容易进入眼帘。因此建筑师常常在屋顶的形式上做文章,增大、拔高屋顶,把一层高的建筑做成两层高的感觉;加大屋顶轮廓的起伏,做出奇特的造型,以这种夸张的手法吸引人的视线。见图8-11、图8-12及彩图8-4。

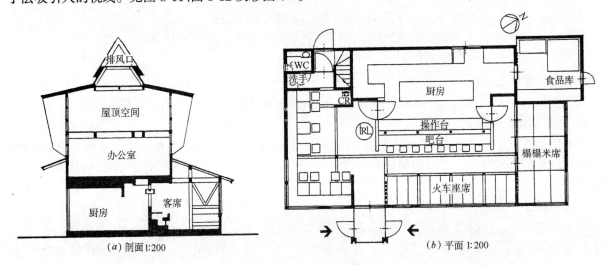

(a) 剖面1:200   (b) 平面1:200

图8-11 屋顶造型

日本一街头拉面店,屋顶的造型奇特,很容易吸引过路人的视线,起到宣传作用,外观形象参见彩图8-4。

2. 边缘空间

边缘空间包括餐饮店前沿的骑楼、柱廊、入口及悬挑雨篷下的临街活动空间。它是室内外空间的过渡,是一种被称作"灰空间"的中介空间,也是人流集散、停留和商业街人行步道系统的空间节点。

设计餐饮建筑的"边缘空间"有两种做法:第一种是沿红线适当后退,与临街连续店面形成一个外部的凹空间,或者仅把底层拓空形成骑楼和柱廊。餐饮店前的地面一般与街道标高一致,使人流进出流畅;也可变换铺地形式,在靠近店侧提高二、三步台阶,明确划分出一块门前的过渡空间。这样的凹空间如同小河边的水注一样,容易蓄水又安定,人们在随着人流前进时,往往会有意无意地被"挤"到这样的空间中来,它可以诱发人的停滞行为和注意力,给人一种"容纳感",是一种很好的诱导空间形式。见图8-13及彩图8-5、彩图8-6。

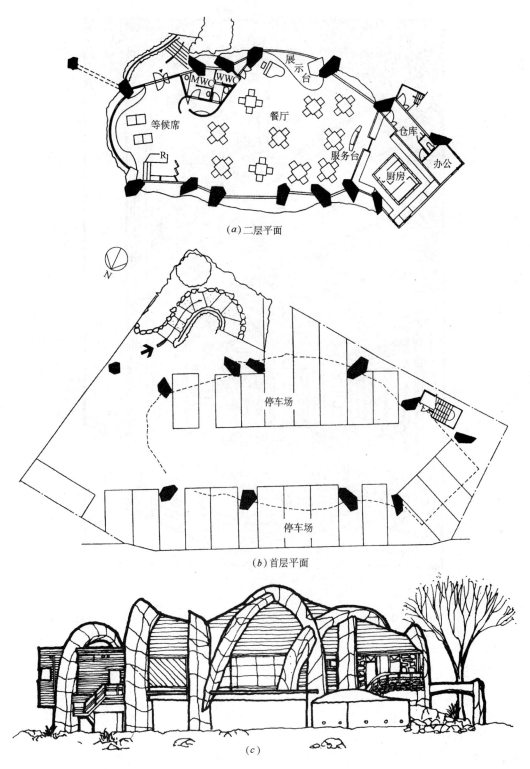

(a)二层平面

(b)首层平面

(c)

图 8-12 餐饮店外型

在日本九州郊外的高速公路旁建造的这一餐馆,外轮廓造型别具一格,它既是梁也是柱的钢筋混凝土结构暴露在外,并在三维方向上扭曲着,表现出建筑的力度和稳定感。

图 8-13　边缘空间
　　建筑柱廊下的半室外餐饮空间,与自然环境联系紧密,穿插在建筑中的树木起到
避日遮阴的作用。

　　由于这类空间是开放或半开放式的,人们可以随意地进出,能更多地与外界交流,呼吸到自然的空气。晴天时人们可以边进餐边观看街上的景物;雨天时可以在此避雨与友人谈天。在这种边缘空间中,店家常设外卖或摆放临时的桌椅,在夏季好天气时搞一些音乐茶座、小型表演等,吸引主动进餐和"被动进餐"的客人,使餐饮店具有餐饮和休闲双重功能。

　　另一种边缘空间的做法是建筑在上部退台,利用退出来的屋顶平台层层设座,这样可以形成更多的室外空间。这种做法的优点是:客座区比较安静,视野高而开阔;建筑外形变化大,打破夹缝式建筑呆板的街道立面,容易引人注目。可设室外楼梯连接各层平台,保证室内、外交通具有连续性。缺点是给室外客席送餐及管理带来一些不便,见图 8-14。

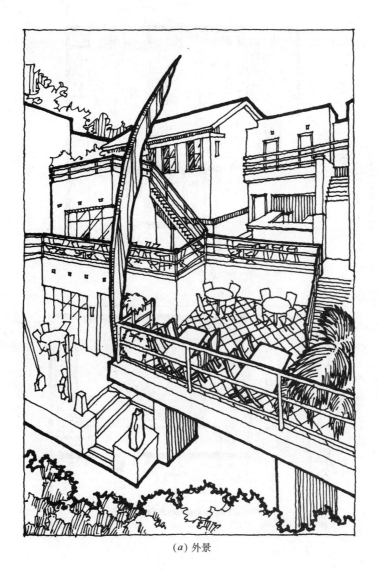

(a) 外景

平台

宴会厅

平台

客席

平台

客席

停车场

(b) 剖面

图 8-14　由室外平台组成的边缘空间(一)

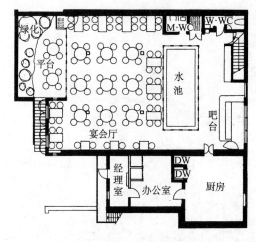

(c) 二层平面

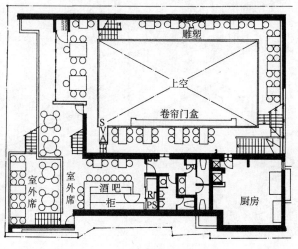

(d) 首层平面

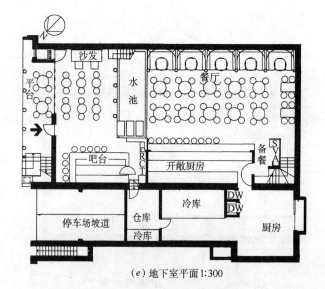

(e) 地下室平面1:300

图 8-14　由室外平台组成的边缘空间(二)

利用屋顶平台设室外餐座,既有良好的视野,又丰富了街道的立面、空间。

上述两种边缘空间的处理方法都在一定程度上减少了餐饮店室内空间的面积,但争取到一个活跃的具有魅力的中介空间,往往在经济效益上得到好的回报。在我国气候温和的南方,这样的餐饮建筑形式非常多见。

第二节 店面的色彩、材料及照明设计

一、店面色彩设计

实验表明,色彩比形体更容易在瞬间引起人的注意,这对于处在信息过量的繁华街区,人们对路过的店面最多只是瞟上一眼的状况来说,运用好色彩无疑是十分重要的。

色彩有前进和后退的视觉效果。一般暖色给人感觉突出、向前,冷色则收缩、后退。色彩的这种特性可以用来对店面外观造型进行强化,如强调凸出的形体,可在凸出面上做暖色及明度高的色彩,而在其相邻的部分做成冷色及明度低的色彩。通过色彩的反差,强调凸出部分,见彩图8-7。

色彩有丰富造型的作用。在对单调实墙面进行装饰时,鲜明的色块与奇特的构图,可以使墙面丰富生动,在不改变原有装饰材料的条件下,可以取得较好的效果。有时因空间、施工条件的限制,餐饮店面外观从造型上看会很平淡,缺少起伏和夺目的东西,这时可利用色彩的装饰功能,轻而易举将其改观,既经济,又实用可行,见彩图8-8。

与丰富造型相反,色彩还有着统一店面外观的作用。遇到装饰构件过于繁杂,造型流于凌乱的店面,若以一种色调或基本色,对整个店面进行统一协调,使之纯净,同样可获得店面外观的和谐美。

色彩还有一种情感功能。主要表现在它能引起人的联想,即能够使人联想起过去的经验和事物,这一特性可以用来创造人们熟悉的某种风格和气氛。如伊斯兰餐馆的装饰彩釉,常以蓝、绿色为主调,与拱券、花纹一起,构成很容易被人识别的具有民族特色的店面。淡黄与咖啡色、淡紫色与玫瑰色配上金银等色,适合女性性格,一些以女性为主要服务对象的街头咖啡店、小餐馆,适合用这类的颜色装点。

色彩在视觉上虽有很高的功效,但在设计时应服从店面的整体效果,不能单纯为突出色彩而喧宾夺主。了解色彩的基本要素,如色相、明度、彩度和在色立体中的相互关系,考虑周围的环境、观赏距离,适当地安排色块的大小、色彩的明度,恰如其分地强调与周围环境的对比,可达到清晰醒目,独树一帜的效果。

二、店面材料设计

店面的装修材料有两种功能:一是保护围护结构,增加使用寿命;二是对店面进行装饰,美化外观。各种材料有各自不同的特性,在视觉上能让人感到的主要是材料的固有色彩、质感和纹理。材料的这些视觉特性是丰富店面造型,渲染环境气氛的重要因素,设计必须掌握各种材料的特性和装饰效果,在整体设计中合理地加以运用,才能使装修材料真正为美化店面服务。

选择餐饮店面的装饰材料应注意下列几个方面:

1.材料的耐久性

由于是室外装饰工程,必须考虑自然界的风、雨、雪、日晒对材料的侵蚀,因此外装修材料应经久耐用,有一定的强度、刚度或附着性,能做到不变形、不褪色、耐污染、易清洗。

天然石材中花岗岩质地坚硬,抗腐蚀性强;陶瓷类贴面材料形状、纹理丰富多样,颜色经久不变,在装饰工程中被广泛应用;金属类板材一般较耐久,但在大气中酸、碱的腐蚀下易失去光泽;玻璃镜面类材料虽耐腐蚀但易破碎;有机玻璃、塑料板等则易老化变形;涂料和油漆等可随心所欲地进行配色,在新装时往往有很好的装饰效果,但长期在大气影响下,日晒雨淋难免被污染和有不同程度的褪色,常常在二、三年内装饰效果下降。一般较高级的永久性餐饮店面可选用耐久性长的,十几年不变形、不变色,甚至与建筑本体同寿命的材料。非永久性的餐饮建筑或租借来短期使用的店面,就可用一些粉刷涂料来装饰,取其施工简易,经济实惠。

2.材料的易加工性

材料的易加工性对装饰工程有很大影响,设计师必须对材料的特性熟知。不同的材料适合于不同的加工形式,如木材易于做成线状,而混凝土则易于做成面状。由于现代加工机械设备不断进步,有许多过去做不到的事情,现在可以做到,设计师必须对最新的加工技术有所了解。

对材料的加工处理能够改变材料的表面视觉特征,使材料呈现出不同表情。例如对花岗岩进行磨光,可展现其镜面效果,使人感到华丽;对其进行腐蚀和斧凿,可使之成为麻面和凹凸表面,给人以厚实、粗犷的质感。金属材料可以通过抛光达到较高的光泽度或发丝状,成为较柔和的视觉表面,金属材料还可以压延成各种形状和曲面。玻璃可以用磨砂、喷砂、压花、贴即时贴等方式改变其视觉效果。木材更可通过加工,形成各种复杂的线角。

对材料特性的正确运用是餐饮店面设计与装修工作的重要一环,运用得当,能够突出效果,经济实惠。有意违背材料特性,反常规地进行加工,如果是少量的,有时也能收到一些特异的效果,但大量的这样做必然是不经济和费力的。

图 8-15 材料对比

"美国加州牛肉面大王"的立面通过材料的对比变得富有特色。墙裙的石材和勾勒建筑轮廓与窗洞口的砖与光洁的粉刷墙面形成对比。

3. 整体性和艺术效果

材料的选择除了注意它的耐久性和易加工性外,还要从美学的角度出发,注意它们的搭配。像色彩一样,没有某一种材料是绝对好看或者难看的,而是要看它用在什么地方,与其它材料如何搭配,面积大小用得是否适宜。

在餐饮店面中应注意材料运用的整体性,例如几个立面运用的材料应基本相同,不能东立面做石材、南立面用瓷砖,这样会给路人造成错觉,以为不是一家店。一个店面的材料不必用的过多,主要材料有两三种搭配即可,可以在入口等处小面积地变换材料进行重点处理,材料种类过多会给人以繁琐、零乱的感觉。

此外还应注意材料运用的艺术效果。餐饮类的建筑立面主要是突出个性和特色,才能招徕生意,特别是一些风味餐馆尤其如此。例如设计一傣族酒家,用毛竹、茅草等自然材料饰面,就能突出其个性,而用贵重的花岗岩、不锈钢反会没有味道。因此说,运用有特色的材料,地方性材料,在构图、色彩和质感等方面,别出心裁、与众不同,注意表现餐饮店的内涵和识别性是使店面突出艺术效果的重要手段。单纯追求高档材料,或珠光宝气,或形式随大流,会给人庸俗没有特点的感觉,这是餐饮店面设计中的大忌。店面的材料应用见图 8-15、图 8-16 及彩图 8-9、彩图 8-10。

三、店面照明设计

餐饮店夜间使用率很高,店面照明可以在夜间展示店面形象,创造出不同于日光下的特殊效果。入口处的照明是吸引顾客的重要手段,在入口处可适当加强光线,一般比店内稍亮一些,过亮会形成光遮帘现象,令人感觉店内灰暗。

一般街区中,在建筑下部一、二层做餐饮店的较多,夜晚人和车在街上行进时,因视角的关系,透过玻

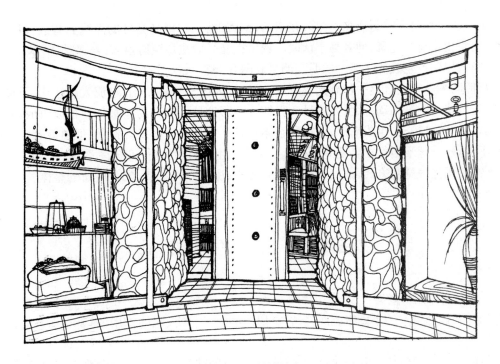

图 8-16　材料对比

餐厅入口两侧的卵石墙面与透明的玻璃、光洁的木门形成对比，突出了餐厅的入口。

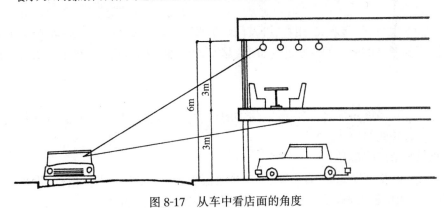

图 8-17　从车中看店面的角度

餐饮店的天花设计很重要，尤其是二层顶棚，由街道上看过去可视面积很大，应在灯光装饰上着重处理，以吸引顾客。

璃窗看到的面积最大部分往往是二层的天花。因此对二层天花的灯光进行装饰设计十分重要，可采用比较华丽的吊灯，或照度高有特色的灯棚等，使过路人感到店内高雅、豪华的气氛，见图 8-17 及彩图 8-11。

　　• 装饰照明——餐饮店常使用投光器、射灯等对立面进行装饰美化，这种照明称为装饰照明。例如用泛光照明的手段使餐饮店外立面的亮度大于周围环境的亮度，从而把整个店面从夜色中托出。这类投光器一般设在建筑物的下方，与日照方向相反，可以塑造建筑物的另一种立体感。投光器的数量、投射方向，可以根据餐饮店的高度、面宽、体型及周围环境等因素决定。投光器本身要有灯罩，以避免眩光。此外按一定间隔设置射灯，将光线打在墙面上，形成光的节奏感；或在实墙、门等处开设多排小洞，使内部的光透射出来，形成有趣的光图案。装饰照明的方法不胜枚举，靠设计师充分发挥想象力，聪明的设计师往往恰到好处地用了几处光，就使餐饮店在夜色中突出出来，熠熠生辉，见彩图 8-12、彩图 8-13。

　　• 橱窗的照明——橱窗在白天也应保持一定的基本照明，这样可以有效的防止反光现象。橱窗照明中可用点光源，重点照射被陈列的食品。灯具应选用显色性高的白炽灯，白炽灯的光线强调暖色，使食品色泽鲜艳。打在食品上的光，照度应高些，例如食品表面照度达到 1000lx 左右时，食品色彩的明度和彩度都会随之提高，但照度提得过高，食品的色彩反而显得不够饱和，有苍白不新鲜的感觉。

　　• 店牌的照明——店牌的照明方式有两种：一是用投光灯投射店牌、标志，使人从远处即可看清上面

133

的字体或图案。二是用灯光映衬店名、字牌,在店名、字牌的背后,以高亮度的光线为背景,以实体字遮挡光线,清晰地映衬出字体外轮廓,使其易于认读。选用投光灯应注意照射角度,若牌匾、字体采用光洁材料时更需十分慎重,以防产生眩光。店牌照明实例见彩图8-14。

• 霓虹灯照明——霓虹灯是一种辉光放电灯,霓虹灯因内充气体不同,电流大小变化,可以呈现各种不同的颜色,还可造成闪烁和动感,引人注目。霓虹灯色彩鲜艳、丰富,易于加工。可以组成面光源、线光源。用于强调形体的外轮廓,组成图形、标志和字体。霓虹灯只在夜间发挥作用,但由灯管组成的复杂形体在白天并不美观,处理不当往往会使立面在日光下毫无生气,设计时应充分注意。

总之,无论采用何种照明方式,都应具有明确的目的,注意分清主从,配合店面的整体气氛设计,突出餐饮店的性格。

第三节 入 口 空 间 设 计

一、入口空间的作用与内容

入口空间是餐饮建筑中的重要组成部分,它有招徕顾客,引导人流的作用,需要有强烈的认知性和诱导性。

餐饮建筑的入口空间包括三部分内容:入口的门,入口门前的空间和入口内部毗临门处的部分空间,即门厅部分。对这三部分内容,设计时应分别考虑下列问题:

• 入口的门

应注意门的造型、大小、开启形式、用材,以及门的装饰、透明度和方位等。其中门的方位应根据道路和交通关系设置,还要考虑朝向问题。在北方,门应尽可能设在南向或东向,如在北向或西向的应设防风门斗。

• 入口门前的空间

应考虑广告灯箱、食品展示窗、食谱牌等宣传物的摆放位置,综合考虑外卖窗口、雨罩、台阶、花池、铺地、绿化的设置及交通路线的引导。

• 入口内的空间(即门厅部分)

可设置等候休息座、报纸杂志架、食谱架、引座小姐服务台或经理台、小卖柜台、收款台、电话台、存衣存包处、音响调控室、绿化装饰物以及考虑交通分流用的楼梯、电梯的位置等。

上述入口空间的各项设施,可根据餐厅的经营内容和规模大小选择性的采用。一般入口空间不会很大,需要有效的布置和划分空间方能把各种功能有机地组织好。有时用隔板或家具、饰物等对入口空间进行分隔,会使其变得丰富有趣,小中见大,见图8-18。

二、入口空间的设计手法

入口空间应根据餐饮建筑的等级、功能、服务对象、就餐人数以及地理位置、周边环境等因素综合考虑。

当建筑等级较高、就餐人数较多时,入口空间应相应增大,可增设等候座席,设置经理台、礼仪台、小卖柜台、电话台等。不同功能、不同特点的餐馆,入口空间的大小、内容也有所区别。海鲜餐厅在入口处常设置鱼缸,中式餐厅常设置屏风,而日式餐厅会有一个"玄关"。餐厅如对服务阶层有倾向性,入口空间的形式也应与之相应,如对象主要为工薪阶层时,入口空间应注意实用性和功能性,如餐厅面向青年人开设,入口空间应有个性和奇特之处,以迎合年青人的口味。南方、北方天气不同,入口空间的形象会有很大差别。南方多为开敞式,作为入口的门厅空间形成流动空间,北方为了挡风沙,设有较封闭的防风门斗或门厅。在较冷的地区防风门斗还不能扩大代替门厅的功能,因防风门斗中仍很冷,它的作用仅限遮挡风沙和减少冷空气袭入,尺度比较小,见图8-19。

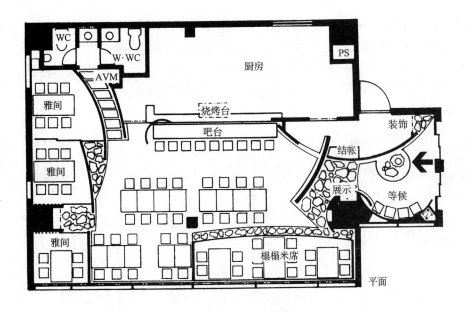

图 8-18 入口空间的划分

　　某小餐厅入口,通过几片弧墙将空间分隔,既有了入口对景又使休息空间、展示橱窗、收款台、办公室等空间大小适宜,各得其所。整个入口虽然面积很小,但趣味横生。

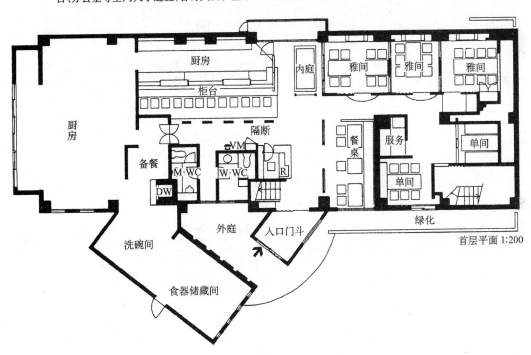

图 8-19 防风门斗

　　某餐厅将入口防风门斗斜设,争取到较大的入口空间,又通过设置内外两个庭院做对景,使进入餐厅的路线产生步移景异的效果。

　　入口的布置一般根据餐饮店面临街道的情况而定,顾客入口应面向繁华、人流量大的街道,如两面或三面临街可增设入口或设转角式入口,以方便来自不同方向的顾客,见图 8-20。内部工作人员用入口既要考虑运输货物方便,又要保证隐蔽,尽可能与顾客用入口分开、远离。

　　入口空间的具体处理手法可分为下列几个方面:

　　1. 把入口空间作为交通枢纽

　　入口空间有引导人流、分散人流、组织人流等功能。如餐饮店为二、三层楼时,可在入口处设置楼、电梯,使来店的顾客能迅速方便地分散到各个楼层中,而不必进入店的深处后再找楼梯,造成一层人流交叉过多,影响就餐气氛。再有一些较大的餐厅把空间分成几个就餐区,通过入口门厅,组织成放射性的交通路线可使顾客直接进入各个就餐区。有些餐饮店进深很大和两面临街时,可以设置两个出入口。设在公共建筑内的餐馆,应考虑对内部来的顾客和外部来的顾客分别设置入口,并要兼顾好运输入口,使人流货流路线顺畅、清晰,减少交叉及绕行。见图8-21、图8-22、图8-23、图8-24。

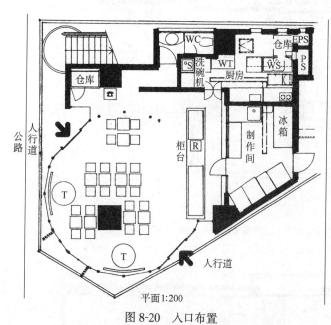

图 8-20　入口布置

位于街道转角处的咖啡店,通过设双向入口方便从不同方向来的顾客。

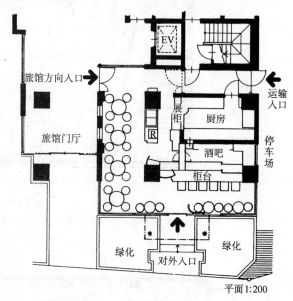

图 8-21　入口空间与交通流线

设在某旅馆底层的小酒吧,其入口开设照顾到从旅馆内部来和从外部来的两方向的顾客,同时又使厨房与运输入口、停车场、内部楼梯、走廊连接紧密,做到客流动线与服务动线既分流又联系方便。

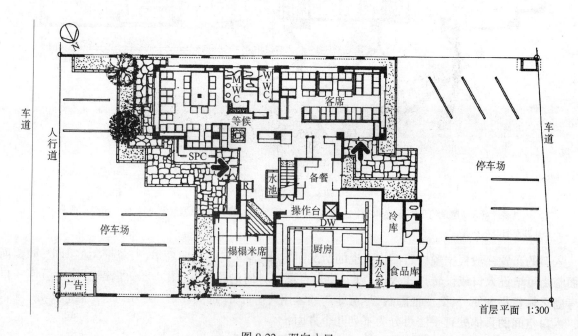

图 8-22　双向入口

某餐馆前后临街,两方向均设停车场和入口,但两入口均设在建筑"腰部",使内部交通路线缩短。

136

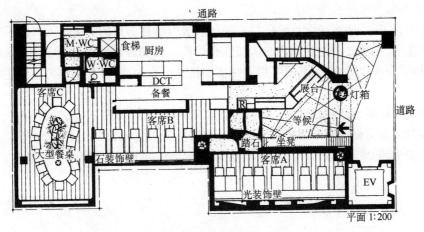

图 8-23 利用入口空间分散人流

某餐馆在入口处设置了电梯和楼梯,顾客进店后可直接到达楼上的餐厅。

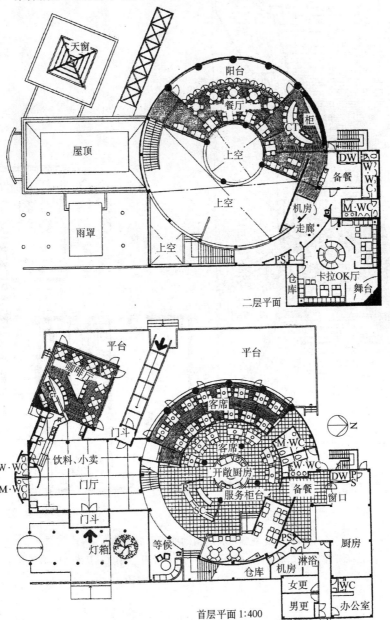

二层平面

首层平面 1:400

图 8-24 入口空间作为交通枢纽

设在郊外的某大型餐饮建筑,内部由多个餐馆组成。从不同方向来的顾客,首先汇集于入口大厅,在此可以进行就餐选择及休息。此外大厅中还经常举办画展和各种活动,以吸引顾客。

2．把入口空间作为视觉重点

在餐饮建筑中，入口空间需要设计得醒目才能达到吸引顾客的目的。突出入口的手段，不仅仅在于把它设计得宽大和豪华，更重要的是强调它的认知性和个性。例如设计一个宫廷式酒家，采用红色的大门、白色的狮子，就很能表现它的个性，某酒吧用大片实墙衬托一个小巧的门，同样可以抓住顾客的视线，起到画龙点睛之功。

根据视觉及美学规律，可利用地面或天花的变化来引导入口，见图8-25、图8-26。也可用色彩对比、材料对比、明暗对比、虚实对比等手法来突出入口。需要注意的是对比的面积和比例，当表现的对象相对衬托部分来说面积小、形成点状效果时，才能有效地突出出来，见图8-27、图8-28、图8-29及彩图8-15、彩图8-16。

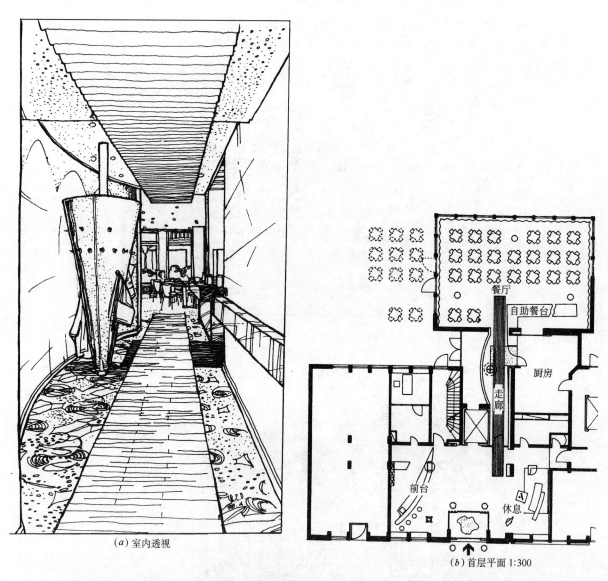

（a）室内透视

（b）首层平面 1:300

图8-25　利用顶棚地面引导入口
设在某旅馆中的餐厅，通过对地面和天花板的特殊处理，吸引人的视线，引导餐厅入口。

138

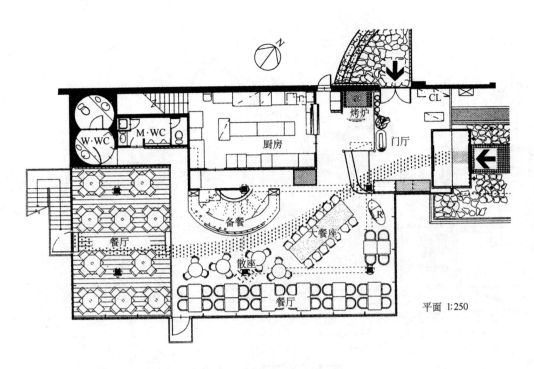

图 8-26 利用铺地向纵深引导

某餐厅利用铺地的变化暗示空间的流动方向,引导顾客从入口步入到内部深处就餐。入口大门的形式参见彩图8-4。

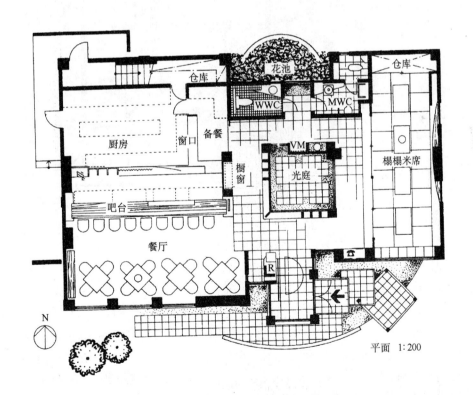

图 8-27 利用色彩对比突出入口

参见彩图 8-7

(a) 外景透视

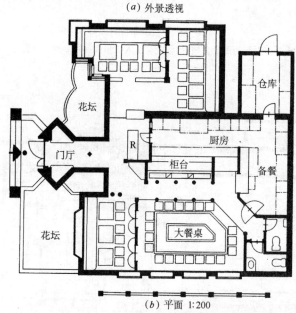

(b) 平面 1:200

图 8-28 利用材料对比和绿化衬托突出入口

3. 把入口空间作为酝酿情绪的空间

为了给顾客留下深刻的印象,为了让顾客很自然地融入店内的氛围,在一些特色餐饮店,往往将入口空间作为酝酿情绪的过渡空间来进行精心设计。第一种是把门厅作为对比空间与主餐厅形成反差。例如把门厅设计得低矮,突出餐厅的高大;或把门厅设计得黑暗,突出餐厅的明亮,通过对比使顾客产生高昂兴奋的情绪,从而以很好的心情进入就餐角色。另一种是把入口空间作为主空间的开端和引子,从入口开始营造气氛,通过曲径通幽、曲折迂回等手段,层层引入、循序渐进,使顾客进店后有一缓冲空间可以调整情绪,并在行进中增加期待感,逐步达到高潮,见图 8-30、彩图 8-9 及彩图 9-6。

上述两种方式,其共同特点都是摆脱一般开门见山,平淡无奇的进店方式,使顾客在短暂的时间内,通过特意设计的入口空间,酝酿和调整情绪,很好的进入就餐状态,并对该店留下强烈印象。

4. 把入口空间作为缓冲、停留空间

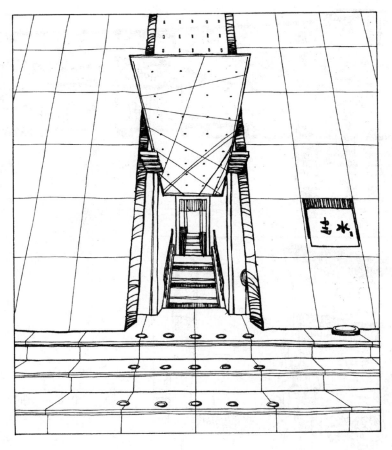

图 8-29 利用虚实对比
突出入口

日本"主水"餐厅,通过大面积的实墙面与夹缝式的入口形成对比,内部又通过横与竖的空间对比形成丰富的视觉效果。

(a)入口外景

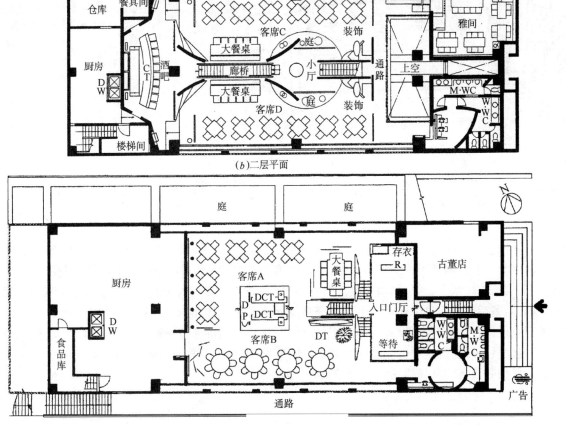

(b)二层平面

(c)首层平面 1:300

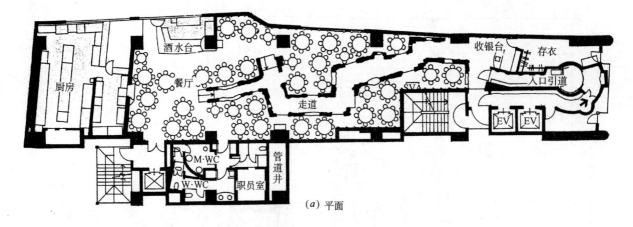

(a) 平面

(b) 内景透视

图 8-30　曲折迂回
式的入口

日本新宿台湾家庭料理店
"青龙门天",室内空间模仿中
国敦煌洞窟遗风,顾客从电梯
下来后先经过一段狭长迂回的
引道才能进入餐厅。引道的壁
面进行了处理,并设置了雕塑、
壁龛,使人在行进过程中酝酿
了情绪,增加了期待感。

　　一些名店、客流量大的店,把入口空间作为缓冲停留空间适当扩大,设休息座服务前台等必要设施。例如在就餐高峰期间,餐厅内部座位周转不开,为了不影响内部就餐气氛,应把新到的顾客婉留在门厅内,使其先浏览一下菜谱或报纸杂志等,稍事等候。另外如果几位朋友相约,人未到齐时,可在门厅内等待聚齐,再进入店内,就餐后朋友们分手前寒暄告别或等候付款晚出的人时,也要在门厅内稍做停留。

　　总之,顾客在进出时比较喧哗,设置等候门厅可以使动静两个空间有所分隔,使就餐区确保安静,此外使顾客在门厅内聚散、等候,既是对已在餐厅内就餐者的尊重,也是给等候的顾客一个自由的空间,可以使就餐礼仪周到,显出餐饮店的高级档次,见图 8-31、图 8-32。

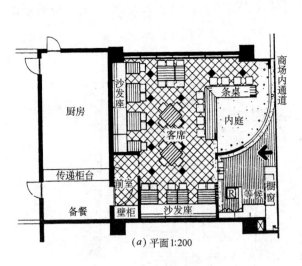

（a）平面1:200

图 8-31　把入口空间做为缓冲,隔离空间

在某百货店内设置的餐厅,利用前部的门厅和室内庭院形成缓冲空间,将餐厅与喧闹的百货店通道隔离开来,确保了餐厅内安静的气氛。

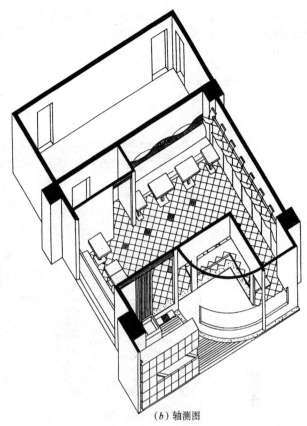

（b）轴测图

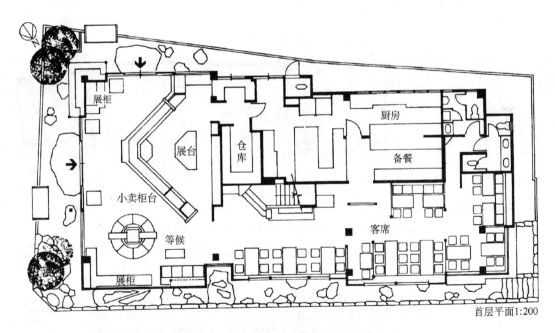

首层平面1:200

图 8-32　入口门厅作为购物和休息空间

日本"樱井甘精堂"餐厅,入口门厅占据很大空间,其中设置了等候休息座、食品展示橱窗及小卖部,使顾客有足够的回旋余地在此等候、停留和购买该店的土特产品,其立面形象参见彩图 8-20。

5. 把入口空间的功能扩大化

随着餐饮店的经营内容向多样化发展,入口空间的功能也随之扩大化。入口空间不再仅仅是一个交通过渡空间,而是根据餐饮店的经营内容增设一些附加功能。例如以某个球星、歌星命名的酒吧、咖啡厅、常在入口处设柜台,售买一些运动衣、纪念物或磁带、光盘等,为该店增加了情趣和特色。有些联结着多家餐饮店的大型门厅,更可以举办小型画展,请小乐队演出,组织卖时令物品、鲜花等。这样的门厅及入口空间既能够吸引顾客、聚散人流,又能有独自的个性,甚至给餐饮店带来直接经济效益,是一举多得的好作法,为店主和顾客所首肯,见图 8-33。

(a)门厅室内透视

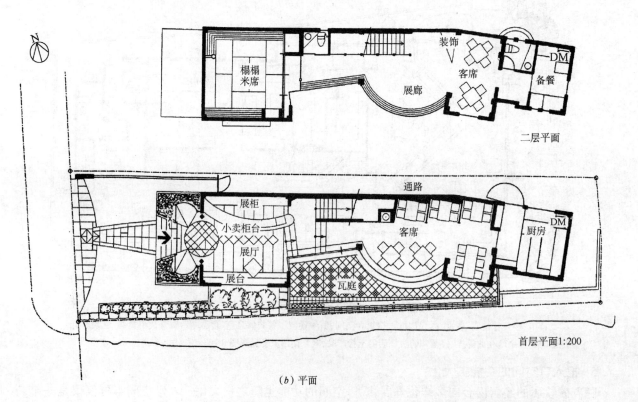

二层平面

首层平面1:200

(b) 平面

图 8-33　入口空间功能扩大化
日本奈良老铺"天极堂",以用当地"葛粉"做食品为其特色,入口门厅的功能主要是展示和贩卖,
二层还设置了展览廊,其贩卖和餐饮收入比例是 1:2。

第四节　招牌、灯箱及广告设计

一、招牌、广告等宣传用品的种类、作用

餐饮建筑为了突出自己的形象和表明经营内容,经常利用食品橱窗、灯箱、幌子、牌匾、标志物、广告牌等做宣传装饰手段。

1. 食品橱窗

餐饮店的食品橱窗一般都设置在入口左右进店前必经之处,有时也可在店前临时放置小桌,陈设当日的特价菜、推荐菜等。陈列的食品多为塑料仿制品,按店内经营的主要菜肴内容,标准份量定做。陈列品色泽鲜艳,搭配美观,旁边标有价格和名称。这类陈列品使顾客一目了然,容易决定是否进店就餐,除去犹豫和不安心理,见彩图 8-17。

2. 灯箱

灯箱是利用灯光将广告字体衬出或将彩色胶片透出亮光,使箱面的广告画面具有强烈的光线色彩效果。照片一般表现菜肴的内容或表明餐厅规模和装修情况,它使人不进店也可了解到店内的气氛。近几年流行在餐饮店檐口处设计通长大型灯箱,形成一个发光面,灯箱高度一般在 800～1000mm,上书餐饮店各种经营内容,字体大小在 500mm 左右,例如白底红字,十分简明,远视效果清晰。

灯箱分落地式、悬挂式、固定式和移动式。灯箱须密封防雨,背后要做得便于开启,以便检修灯具,更换展示内容。

灯箱广告具有色彩鲜明、图象生动的特点,它可与街头、店内的灯光相互呼应,在夜幕中起到重要的作用。

3. 旗牌、幌子

旗牌、幌子源于古时的酒旗或酒帘,是古代酒家的标志。旗牌、幌子多用铁、木、布等材料,色彩鲜艳、形式多样、易于加工制作。因此在现代也被广泛的使用,特别是它具有强烈的民俗风采,在一些中餐馆或带有浓厚民间特色的小餐馆中最为常见。幌子、旗牌多悬挂于店前独立的支架上或建筑物的出挑部分之下,有时连续悬挂多个,以加强视觉效果。旗、幌随风飘动且又高高悬挂,很容易吸引视线,达到宣传的目的。

4. 店徽、标志物、牌匾

店徽和标志物都是作为标志店家的一种符号,由抽象图案或简略文字组成,一般老字号的餐馆,现代的连锁快餐店等都有自己的店徽或标志物,例如"肯德基"的老头像,"麦当劳"的金色"M"标牌等。店徽、标志物的设计须简洁、明确,容易被识别记忆。"麦当劳"的"M"标志牌,从色彩到文字造型都设计的十分成功,符合人的视觉要求。

牌匾一般用来书写店家的店名,中式餐馆中悬挂的牌匾用材都很讲究,大小、边框的设计都经过推敲,特别是上面的文字,最能反映餐馆的等级和经营特色。例如日本的一家餐饮店,牌匾上的文字为"酒洛",一方面表现了这是一个以饮酒为主的餐馆,另一方面通过"酒洛"这两个飘逸、潇洒的字体表明该店经营的风格,见彩图 8-18。

店名是餐饮店的灵魂,店名应能适合该店主要客层的喜好。如以年青人为主要客层的餐厅,选用时髦的店名;而以中、老年人为对象的餐厅则选用吉祥的店名,以加深顾客的印象,吸引顾客入店用餐。

5. 实物型招牌

以实物做餐饮店的招牌,效果最直接,可谓通俗易懂。比如中式酒楼前放置大酒坛,点明酒店主题;海鲜店门前放置鱼缸,供顾客欣赏并可直接挑选海产品。另外在店前设立儿童动画片中流行的偶像雕塑,及小怪兽、小动物等,非常受儿童的喜爱,对成人来讲,也有很好的认知性。如"肯德基"快餐店前老爷爷的塑像和"麦当劳"店前的小丑塑像,都是这类招牌的成功实例。见彩图 8-19。

二、招牌、广告牌的设计要点

招牌、广告的主要作用是传递信息,它们放置的位置十分重要。招牌、广告等一般附加在餐饮店的立面上,可以按立面整体设计,成为店面的有机组成部分,如设置在入口门的上方或实墙面等重点部位,也可单独设置,离开店面一段距离,例如在道路转角处指示方向。一般而言,它的位置以突出、明显、易于认读为最佳选择。

传递信息与人的视觉器官、认知习惯有关,应注意合理运用。根据对人的视区的测定,人眼睛的视线范围大约成60°顶角的圆锥形,熟视时为1°的圆锥,一般人站立时水平视线高度平均按1.5m算,人站在餐饮店前离招牌1~3m时,最佳视区的招牌高度在0.9~1.5m左右,如落地式灯箱或橱窗、壁牌等。当开车在路中间,或行走在道路对面离餐饮店5~10m时,招牌的高度在3~6m左右为适,如餐饮店檐口广告。当车从远处驶近,距建筑物200~300m左右时,招牌的高度可立得高些,约8~12m,如麦当劳"M"独立式广告牌,以及高挂的旗、幌、气球等。因此为了让各个距离的行人都能注意到广告,一般店面应设置高、中、低三个位置的招牌。在招牌的内容上,高处可放形象简明的图象、文字,低处则可写出经营内容、菜谱价格等,见图8-34。

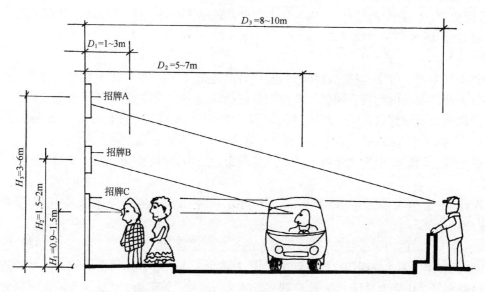

图8-34 人的视线与店面招牌的位置关系

人的目光扫视习惯是由左至右、从上到下,对各个视区的注意度有一定的差别,人眼对左上象限的视察优于右上象限,右上象限又优于左下象限,右下象限最差,由此可以决定招牌广告的位置安排。

人的目光扫视习惯其实与读文字的习惯是一致的,因此招牌上的文字,横写就比竖写易读,竖写时须注意行距,否则易从横向错读。现在一些街面上的小餐饮店,喜欢把文字贴在玻璃上,虽能使人对店家的经营内容一目了然,但在窗上贴满红红绿绿的字,显得纷乱,缺乏清静、高雅的气氛,也有碍外面的人了解餐厅内的情景。

建筑物侧面的认知性十分重要,因为它垂直于街道,可以从远处看到,但一般在窄长的街道上,建筑物都沿红线建立,没有突出的机会,因此利用广告、招牌向街道方向突出,使人们在行进中及早的、长时间的看到它,将会起到很好效果。注意广告牌应立在迎着车辆和步行者的侧墙或地上,如放在另一侧则失去效果,见图8-35。

在丁字路口和十字路口时,广告牌应随不同方向垂直于道路布置,使其共同指示餐馆方向。

此外广告牌应尽量占领制高点,因越高越能从远处及早看见,通常利用建筑的屋顶部分做广告牌、霓虹灯。高处的广告,采用图形的设计比文字更醒目,更具认知性。一些简单的图形,几何的、对称的形态最易被视线捕捉,例如欧美高速公路上以

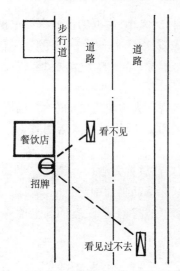

图8-35 广告牌的设置与车行方向的关系

刀、叉构成图案的指示牌,清楚的表明前方有餐馆。

招牌、广告的色彩从理论上讲,应该采用对比强烈、醒目的颜色,但由于街道上林立的广告牌,多采用此类色彩,如红、白、黄等,所以在视觉上相互抵消,常使顾客视而不见。倒是一些朴素、沉稳的色彩从繁华喧闹中突出出来,这是利用色彩的视觉补缺原理。此外一幅广告牌的颜色最好不超过三种,以免产生混杂感。

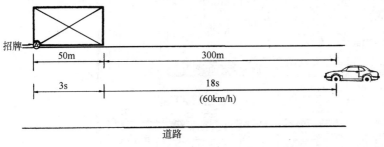

图 8-36　广告牌的设置与车速距离的关系

在郊外宽敞的地段和公路旁,广告牌的设计应考虑车中人的视线和车行速度。广告牌最好在离店 800m 处开始设立,途中再设二至三处,因为开车路过店前是瞬间的,在公路上调头回车很麻烦,必须提前预告,以车速每小时 60km 计算,在 300m 处看到广告牌,18s 后已经到达店前,见图 8-36。

好的招牌和广告对形成店面个性风格,招徕顾客起着举足轻重的作用。但是不能过多过滥的使用,它必须同店面造型和其它的装饰手段形成整体,通过相互补充发挥其特殊的效应。一个店采用的各种招牌、广告物应在某种程度上给人以统一感,例如从文字、形状、色彩等方面统一,否则会增加店面的零乱感或给顾客带来误识。广告、招牌、橱窗等设计布置实例见图 8-37 至图 8-46 及见彩图 8-20。

图 8-37　中餐厅的招牌、广告

"状元酒家"除了进行古色古香的店面装修外,还用红色灯笼、匾额及大酒坛作为广告招牌,突出店家特色。

147

图 8-38 和风餐厅的招牌、广告

该餐厅在入口门前雨罩上方,二层窗上和侧面墙上分别设置了广告牌,适合于不同高度、不同方向投来的视线。入口处还设置了食品展示橱窗。

图 8-39 灯箱、广告、设置

日本一"鳗鱼店"在一层入口处设置了灯箱、菜谱栏及食品展示橱窗,二层则利用大片实墙面设计一个巨型灯箱,突出店名。

图 8-40　门前广告手段

　　"浪漫亭"餐厅,在檐口处设置大型灯箱,上书店名。入口设置不同方向的可移动落地灯箱,上书菜谱及价格。此外还在墙面上张贴广告,门前放当日特价套餐展台等,利用各种广告手段向顾客宣传该店的经营内容。

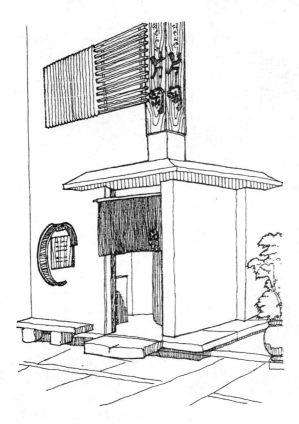

图 8-41　转角处的广告

　　"片岗"小餐厅,位于小巷的转角处。在墙的两个方向上书写店名,以使不同方向来的顾客都能看到。

图 8-42　广告牌与饰物的组合
某小餐厅,在入口处设置了绿化、店牌与雕饰,设计者有意突出三者之间的色彩、质感、造型的对比,虽然处理很简单,但颇有情趣。

图 8-43　立面造型与广告配合处理
日本京都一处名为"建巢"的和风小酒店,立面与街区民居风格协调,招牌、饰物的位置没有破坏立面和喧宾夺主,而是布置在入口周围,恰当的点明主题。

图 8-44 店名与餐厅风格统一

"公孙树庵"是一和风餐厅该餐厅追求古代寺、庵的风格意境。店名的字体、匾额的形式以及木门、竹帘、行灯等统一在同一风格中,加深了主题,给人留下深刻印象。

图 8-45 实物招牌

"舞鱼"餐厅,位于日本神户海滨,餐厅门前耸立一个巨大无比的鱼的雕塑,形成餐厅的标志,从而远近闻名。

图 8-46　用标志物代替广告

　　某海滨餐馆,在入口前设计一高大的抽象雕刻,代替了一般化的广告、招牌,使人从远处便可认别该餐厅,
它既突出了餐馆,又美化了城市,可谓一举两得。

第五节 周边环境设计

一、导引路线与停车场的处理

随着汽车业的发展,生活水平的提高,一家人、几个朋友、或单位小集体驾车去用餐是非常普遍的现象。店前有没有停车场是吸引开车族进店的首要条件,然而许多餐馆并没有在门前留有空地,致使顾客把车停在路边,或影响交通或遭罚款,就餐时心情不安;另一些餐饮店虽然在店前辟出一块停车场,但没有精心设置,造成进出路线不畅或遮挡店面、阻挡人流等许多弊端。

店面与停车场的相对位置对餐饮店的经营有很大的影响,一般城市中用地很紧张,餐馆多数为夹缝餐馆,沿街面宽较小,在这种条件下怎样巧妙地挤出停车空间,是餐饮店竞争顾客的关键手段之一。

下面举出几种常用的店面与停车场的布置形式,并分析其优缺点。

• 形式一,店铺在前,停车场在后,见图8-47。

优点:能使在路上行驶和行走的顾客看清店面,有较强的识别性。

缺点:开车来的顾客停车较麻烦。

可用指示牌指示停车场方位。在停车场前设置高耸、突出的装饰门,吸引顾客开车进入。

• 形式二,店铺在后,停车场在前,见图8-48。

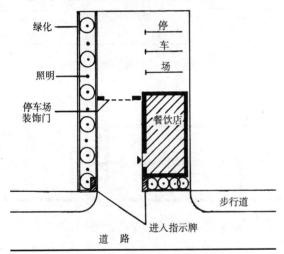

图 8-47 形式一:店铺在前,停车场在后

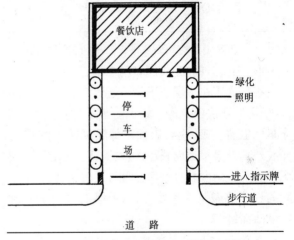

图 8-48 形式二:店铺在后,停车场在前

优点:进入停车十分方便。

缺点:行进中的顾客不易发现店面,容易错过。

开车顾客也有可能因店前已停车较多,感到纷乱而不愿进入,步行者则因车辆较满,要穿行汽车间才能入店而感到不快。因此要注意规划好停车路线,划好停车格位,包括自行车车位,以免乱停后使其它的车辆无法进入。

• 形式三,店铺与停车场均在后,见图8-49。

这种形式是指临街面宽很小,而后面尚有空地的情况,餐饮店不得不建在后面,条件较差。

需要把进入的引导路线装饰得十分醒目和吸引人,方能引起过路人的注意,除了用指示牌,照明等指引手段外,还可在入口做拱门、沿路设彩旗等吸引顾

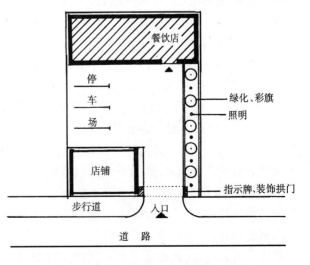

图 8-49 形式三:店铺在后,停车场也在后

153

客。店铺的主立面也应尽可能对着道路进入口,以使人尽早发现店铺的存在,停车场的设置则需注意留好足够的转弯半径。

• 形式四,店铺在中,停车场在周边,见图8-50。

优点:车辆进出入十分方便,进出口分设不必倒车、回车。

缺点:餐厅要减少一定的面宽。

这种形式在国外常被用来做汽车快餐店,它多设在公路旁,目的是使开车人不下车就能买到食品继续上路。开车人沿餐饮店转一圈,从这一方向的窗口付款,到另一方向的窗口领取食品,迅速快捷。须注意沿路应早些设置食品套餐广告牌,使车内人在品种价格上早做好选择,以减少在窗口停留的时间,见图8-51。

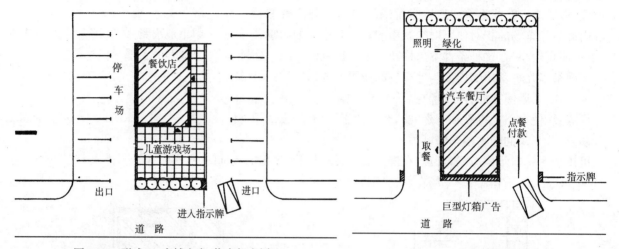

图8-50 形式四:店铺在中,停车场在周边

图8-51 汽车快餐店的形式

• 形式五,店铺在上,停车场在下,见图8-52。

一些餐饮店在一层或半地下层停车,把二层做餐厅,这样可以解决没有停车场地的矛盾。要注意一层做停车场也需美观,应与店面一样重视统一的装饰,内部或外部设直接通向餐厅的楼梯,多雨地区最好做到下车后不被雨淋就可进店。此外要注意停车安全,暴露的柱子要做防冲撞处理,靠近墙处做挡车墩,拐弯处设凸面镜等。

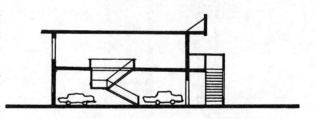

图8-52 形式五:店铺在上,停车场在下

总之停车场与餐饮店最佳的布置方法就是尽可能让店铺突出,为行人所注目,又能使人了解到有停车场。停车场既要进出方便,又要适当隐蔽,不能有碍观瞻,影响交通。

此外要分别对不同方向的来车和行人设立广告牌,特别是停车场的进出指示牌要大而明显,以使驾车人能及早判断。公路上车行速度较快,为了让车上人不漏看广告,可以沿路连续设置数个广告牌,一是加强视觉印象,二是让车内人有机会看清广告内容,见图8-53、图8-54。

从停车场下来的顾客与步行来的顾客进入餐馆的路线往往不同,餐馆的入口必须照顾到两方面来的顾客,不要使停车下来的顾客走回头路或使步行的人绕行,而要使他们以最捷近的路线进入餐馆。在引导路线上还要做好铺地、绿化、

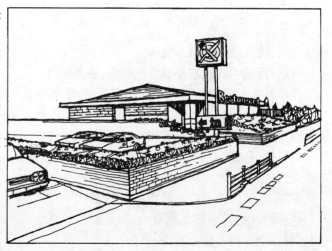

图8-53 公路旁餐饮店广告牌

设立在公路旁的餐饮店广告牌要有一定的高度,广告内容以图案形式为宜,指示停车场的进入牌要大而清晰。

154

图 8-54　连续设立的广告牌

在店前连续设置多个同样的广告牌能加深视觉印象,一般广告牌相隔 10~20m 左右。

照明、对景等的处理,使进入路线显出优雅和充满趣味的格调,见图 8-55。

餐饮店与停车场的布置实例参见图 8-56、图 8-57、图 8-58、图 8-59。

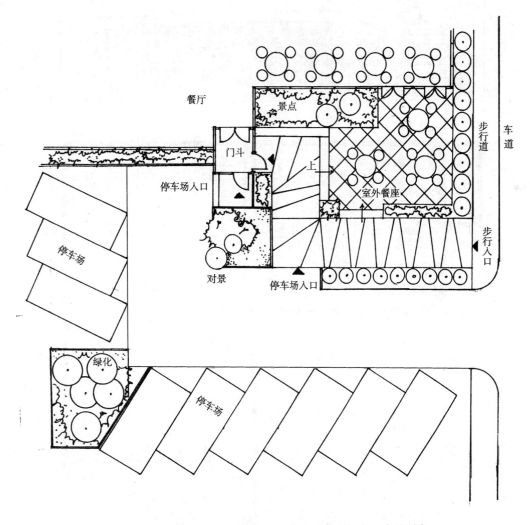

图 8-55　餐馆入口要兼顾从停车场和步行道两方面来的顾客

(a) 餐馆外景

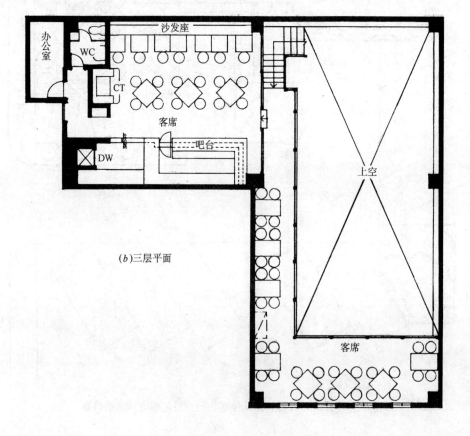

(b) 三层平面

图 8-56　在半地下室设停车场的餐馆(一)

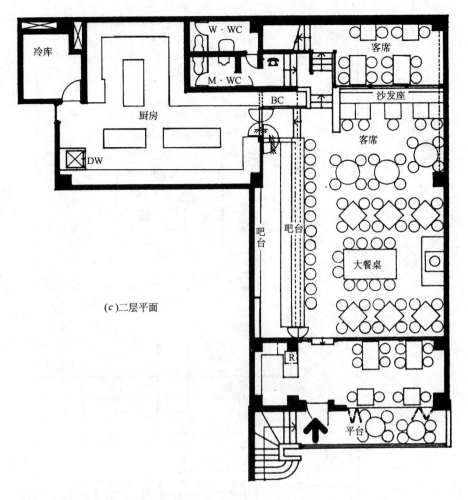

(c)二层平面

图 8-56　在半地下室设停车场的餐馆(二)
美国印地安风格的餐厅,一层为停车场,二层为餐厅,由室外楼梯直接引导进入。

(a) 外景

图 8-57　首层架空做停车场的郊外餐饮店(一)

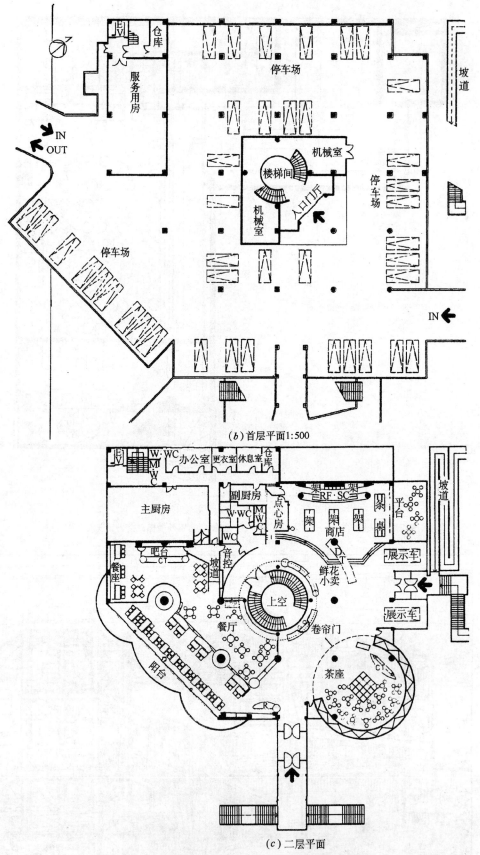

（b）首层平面1:500

（c）二层平面

图 8-57 首层架空做停车场的郊外餐饮店（二）

　　某郊外大型综合型餐馆，一层为停车场，二层设有数个餐厅，及汽车展示场、鲜花厅、小卖部等，中心部有楼梯直接与一层停车场相连。

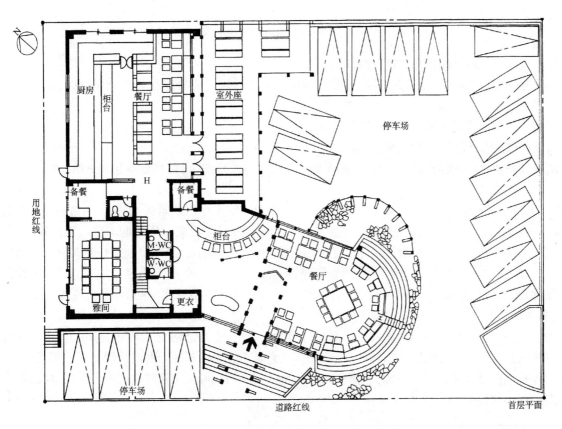

图 8-58　停车场在店后的餐馆(参见彩图 8-15)

入口在前,停车场在侧后,既能突出店面,又使停车场可见。餐厅与停车场衔接之处,采用圆滑曲线,有利于视线与行车。

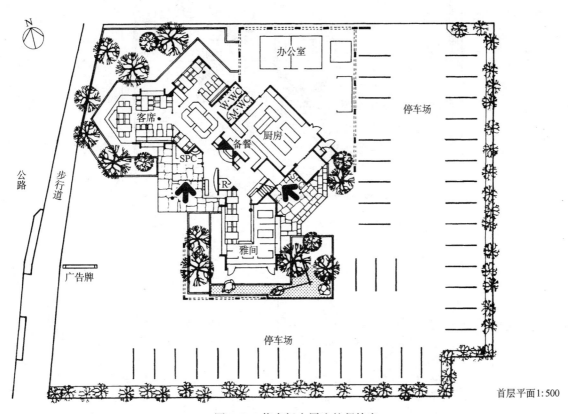

图 8-59　停车场在周边的餐饮店

停车场环绕建筑布置,顾客可从两个方向进入餐厅

二、餐饮店周边的绿化配置

1. 绿化的作用

(1) 吸引顾客、突出入口,衬托建筑,起到美化作用。

(2) 四季变换,使人领略自然风光,赏心悦目。例如在外部或内部设置绿化景点和小庭院,植不同季节开花的花卉、灌木或观叶植物,供进餐时观赏,如图8-60。

(3) 遮挡道路上来的直接视线,创造安静、隐蔽的环境。

(4) 隔离外部噪音,保持餐厅的宁静气氛。

(5) 减缓日照和强风,遮挡风沙。例如在停车场或西窗前种几棵树,可以在夏季起到遮荫作用。

2. 绿化的配置方法

餐饮店周边的绿化应注意造型变化、高低配合和节约用地。城市中用地紧张,餐饮店周边多采用中低型的乔、灌木,高大的乔木只能点种一两棵。树冠大的乔木虽有很好的遮阳作用并能丰富建筑的轮廓线,但占空间较大。中等高度的灌木或乔木对于一、二层高的餐饮店来说用处很大,既能衬托建筑、挡风遮荫,又不占太多空间,例如北方的塔松高度适中、四季常绿,并可以修剪成多种造型;低矮的灌木通常作为绿篱限定停车场和用地界线;花坛、花池则可突出餐厅入口,引导进入路线,当绿化空间有限时,在入口处点缀几盆花卉,亦能增加几分生气,形成视觉重点。

绿化的高低搭配还要注意与视线的关系。餐厅开设大玻璃窗、希望过路人了解餐厅情况时,窗前应种植低矮的树木或设花池,以免遮挡。入口处点缀植物和花卉时不能遮挡餐厅门和广告牌。对停车场来说,当需要明示停车场的存在时,可种低矮的绿篱;当希望隐蔽停车场时,可采用视线高度以上的中、低植物配合,其常用高度尺寸如图8-61、图8-62所示。

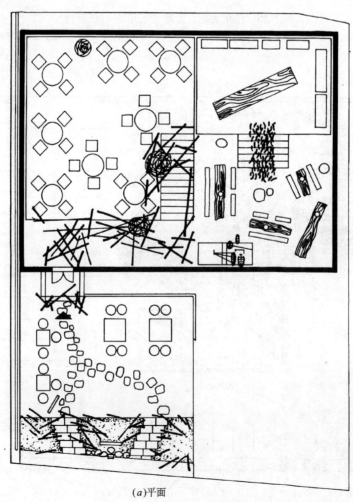

(a)平面

图8-60　日本东京某咖啡店(一)

(b)外景

图 8-60　日本东京某咖啡店(二)

　　在店前庭院中种植竹林,精心布置踏石和木制桌椅,在闹市中取得一块自然空间。店内配合季节变化,经常举办花展和绿化造型艺术展,使咖啡店增加了自然与艺术文化气息。

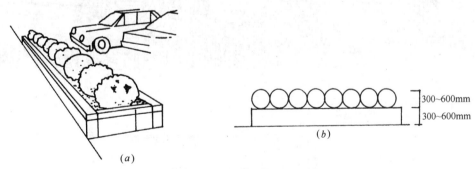

图 8-61　停车场与绿化的关系

需要露出停车场时的绿化布置形式及绿化高度尺寸。

图 8-62　停车场与绿化关系

需要隐蔽停车场时的绿化布置形式及绿化高度尺寸。

除了绿化的高低搭配外,绿化的色彩搭配及季节性搭配也很重要。色彩搭配包括两方面:一方面是植物与植物之间的色彩搭配,例如用绿色的塔松做背景突出黄色的迎春花、粉色的桃花。另一方面是植物与建筑之间的色彩搭配,如用绿色的植物衬托白色的实墙面,在深色的大门和阴影中的入口前放置浅色花卉等。选择植物时应尽可能采用新优品种和易活的地方性植物。由于餐饮店周边空地有限,种植不可太杂,主要的植物有二、三种搭配即可,要表现出韵律感、节奏感,注意体量和造型。此外还要考虑植物的季节变化,尽可能使其四季不同,选择花期长或花期错开的花卉搭配在一起。特别是北方地区选择一些耐寒的常绿植物,能在万物萧条的冬季保持一点绿意,给人很好的印象。

　　植物还要与照明配合好,低的植物用稍高的照明,中高的植物用低的照明。

　　注意不要让特意栽种的植物、花卉被广告牌、灯箱等挡住,或离垃圾桶很近,被污染搞脏,或因没有垃圾桶而把花池、花盆做为替代品。

　　在郊外及住宅小区附近的餐饮店,如有条件可在店前设置一块草坪,上置一两样游具,供儿童玩耍。这种形式对带孩子的家庭来说很有吸引力,在点菜、等候时,孩子们可以有地方玩耍,大人也可安静的聊天,餐厅的窗应正对游戏场,这样大人可随时观察到孩子们的行动,见图 8-63 及图 8-50。

(a) 外景

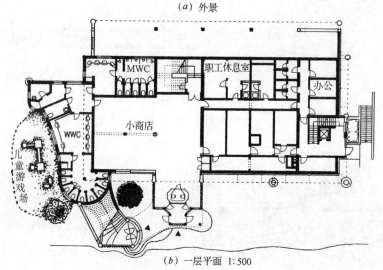

(b) 一层平面 1:500

图 8-63　澳大利亚郊外某餐厅(一)

162

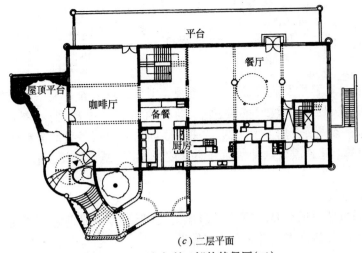

(c) 二层平面

图 8-63 澳大利亚郊外某餐厅(二)

该建筑外观造型奇特,在建筑一侧布置了儿童游乐场,以吸引旅行到此的游客及带孩子的家
庭,二层楼上设置了大的屋顶平台,从此处可眺望郊外风景,观察儿童游戏情况。

总之绿化的益处是不言而喻的,许多顾客特别是妇女,在相邻的几家餐饮店前决定进入时,往往是比
较店前的环境,一个绿化很好,干净有条理的环境,能够显出餐饮店的等级,传给人清新、优雅的信息,必然
受到青睐,见图 8-64 及彩图 8-21。

绿化虽然需要花费一定的经费并且需要管理,但创造出一个优美的自然环境,往往比制作一个大广告
更有宣传意义和具有招徕顾客的吸引力。

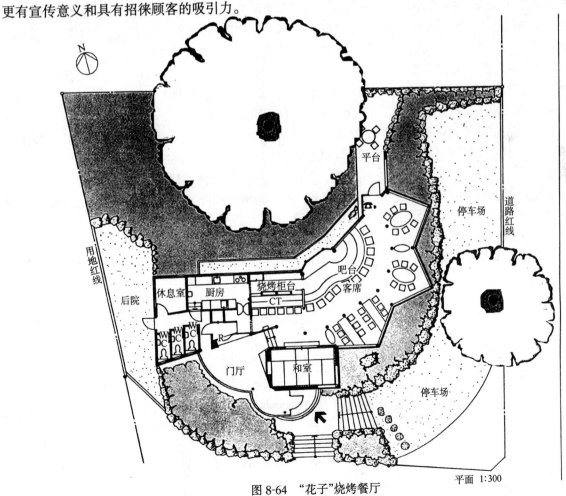

平面 1:300

图 8-64 "花子"烧烤餐厅

该餐厅位于日本静冈郊外旅游胜地,建筑造型如同花朵,周围种植大量的树木和草地,使建筑置身于绿色的环
抱中,参见彩图 8-21。

第六节　餐饮厅卫生间设计

　　餐饮店的卫生间设计在西方发达国家十分受重视。卫生间被看作是关系到店铺声誉、档次的关键部位之一，甚至是餐饮店等级划分的重要判断依据。在我国卫生间的重要性还未被广泛认识，一些餐馆中不设卫生间，有的顾客与服务人员合用卫生间，有的去卫生间需要穿行备餐间或厨房的一部分，所有这些都是极不卫生、极不合理的。迅速改变这种落后和不文明的状况，是设计师及餐饮店业主应当肩负起的责任。

一、卫生间的平面布局

　　餐饮店中的卫生间虽然面积不大，似乎并无复杂之处，但设计中要把它布置在餐厅的适当位置上，并在有限的空间中把几件卫生洁具摆放妥贴也并非易事。

　　一般来说，无论是大型餐厅还是小型酒吧都应该设置卫生间，但当餐饮店位于大商场、大饭店或综合写字楼中，餐饮店所在的楼层设有公用卫生间并相距不远时，也可不另设卫生间。

　　卫生间在餐厅中的位置有一些特殊要求，首先是卫生间的门要隐蔽，不能直接对着餐厅或厨房开，其次要有一条通畅的公共走道与之连接，既能引导顾客方便的找到又不暴露。卫生间的位置不能与备餐出入口离的太近，以免与主要服务动线形成交叉。总体布局上，卫生间都设在餐厅的边角部位和隐蔽部位。大餐厅中要考虑顾客的用厕距离和经由路线，二层楼或多层楼的餐馆可考虑分层设置卫生间。顾客用卫生间与工作人员用卫生间一定要分开，这是出于卫生方面的要求。

　　只要面积上有可能，卫生间最好男女分设，因为男、女使用卫生间的形式和要求不一样，用异性刚用过的卫生间，常在心理上产生抵触感。男、女卫生间的门设置时尽可能相距远一点，以免出门对视引起尴尬。要避免先共进一个公用门，再分设男、女厕所门，这样容易使人产生误解而犹豫怯步。

　　我国《饮食建筑设计规范》里对卫生间中卫生器具的数量进行了规定：≤100座时设男大便器1个、小便器1个，女大便器1个。＞100座时每100座增设男大便器1个或小便器1个，女大便器1个。对洗手间中洗手盆数量的规定是≤50座设1个，＞50座时每100座增设1个。

　　餐饮店中洗手盆的使用频率比便器高，洗手盆单独设立在厕所的外边有更多的优点，顾客饭前饭后洗手很方便。洗手盆前要留有足够的空间，不要与厕所的出入口靠得太近，以免在此造成拥挤现象。

　　餐饮店的卫生清扫十分重要，一定要单独设计清扫餐厅用的清洁池，以往有些清洁池设计在厕所中，这样清洁工工作与上厕所的顾客挤在一起，功能不清。最好把清洁池独立设置在厕所之外，使清洁工可随时使用。清扫要用许多清扫工具，堆放在清洁池周围既不卫生也不雅观，应该用隔断遮蔽或设置贮物仓库。这点在我国目前还未受到重视。一些卫生间用了很高级的装饰材料，但拖布、抹布等都明放在外面，显得与装修等级很不相配。餐饮厅卫生间的基本布局及最小尺寸参考图8-65、图8-66、图8-67。

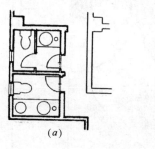
(a)
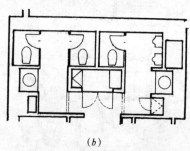
(b)
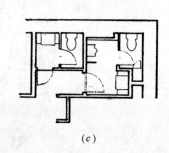
(c)

图8-65　卫生间的基本布局

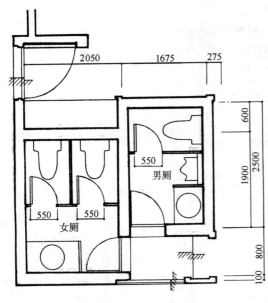

图 8-66 卫生间的最小尺寸

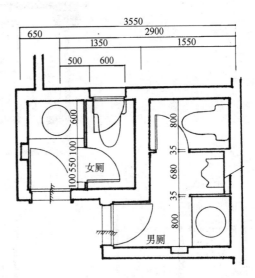

图 8-67 卫生间的最小尺寸

二、卫生间设计注意事项

卫生间必须设计前室,通过墙或隔断将外面人的视线遮挡。

卫生间中设置的镜子应注意其折射角度与入口的关系,以免外面的人通过镜子折射能看到里面。

餐饮店的卫生间共用性强,使用者不是固定的人,因此卫生保洁十分重要。一般餐饮店应采用蹲坑,高级餐饮店采用坐便器时,要配备清扫人员及坐圈垫纸、手纸等卫生用品。设计成蹲坑时,由于蹲便器的造型要求,地面须抬高15cm左右,要注意解决好高差问题。

卫生间的通风很重要,理想的作法是设置明窗,但在餐饮建筑中往往受到很多限制,多数采用机械通风,通常在卫生间中设吊顶,将通风设备、照明设备及排水管道等掩藏在里面。

卫生间必须设地漏,墙、地面、洗面台等都要用防水材料,特别是象酒吧、啤酒屋等男性顾客出入多的场所,厕所更应该及时清扫,最好能够整体冲刷,以提高工作效率和清洁水平。

三、卫生间的装修

对于不同等级的餐饮店来说,卫生间的高级与否主要体现在装修水平上。首先,卫生间的装修等级应与餐饮店的等级相匹配,其次设计气氛须和餐厅保持一种延续统一感,例如餐厅是欧风式的,卫生间的装修也最好与之一致。

在卫生间装修设计中,设计师最容易发挥之处是洗面台和镜子部分。洗手池的造型、五金,以及镜子的大小、形式等都可进行多种设计,不同的选材、不同的搭配会呈现出不同的效果与风格。现在常用的设计是洗手池上加设台面,以便放置化妆包等物品,台面一般为石材,进深在500~600mm左右。

高级的卫生间可用石材铺设墙、地面,中低档的也应该满铺瓷砖。

卫生间的照明不必装饰过多,主要在于实用,一般在水池上方设置镜前灯,常用条形灯箱。顶棚多数用筒灯,在厕位和前室部分均匀设置。卫生间设计详图见图8-68。

餐饮店卫生间设计实例见图8-69~图8-75。

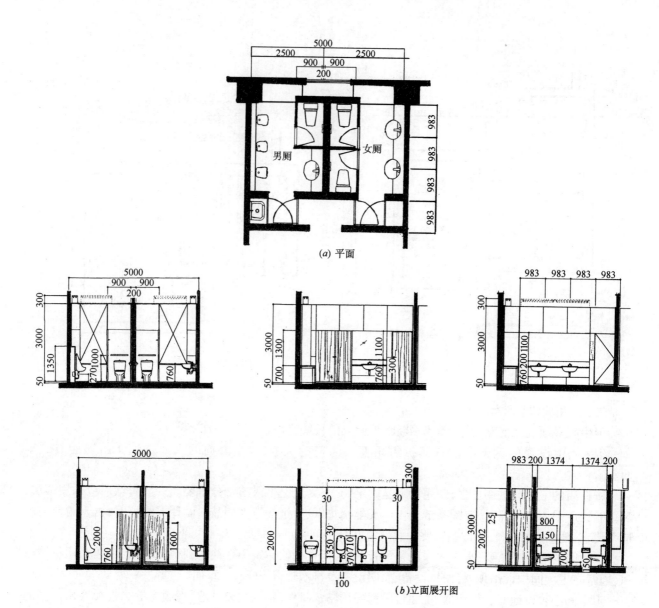

(a) 平面

(b) 立面展开图

图 8-68 卫生间设计详图

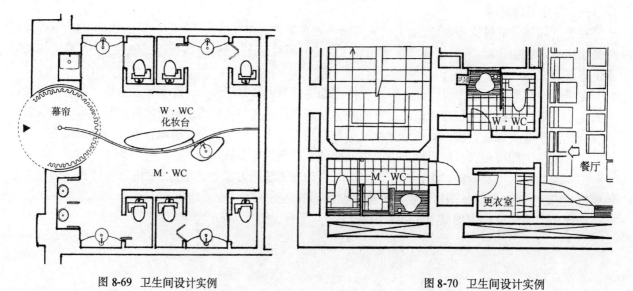

图 8-69 卫生间设计实例

图 8-70 卫生间设计实例

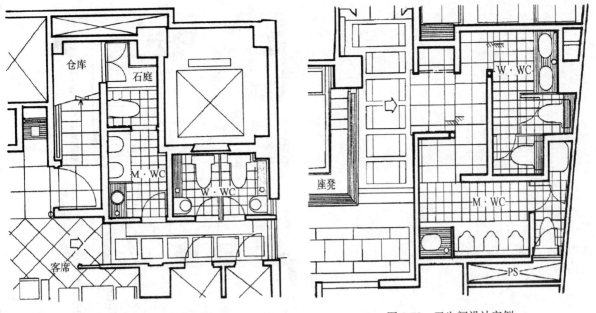

图 8-71　卫生间设计实例

图 8-72　卫生间设计实例

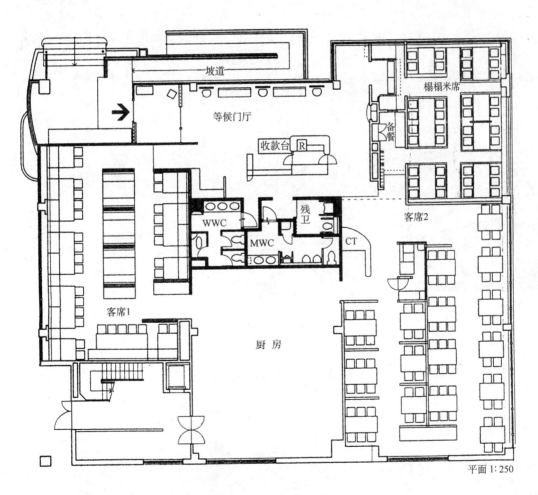

平面 1:250

图 8-73　卫生间设计实例

考虑残疾人的使用要求,设计了坡道及独立的残疾人用厕所。

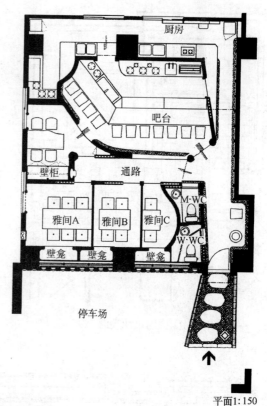

图 8-74　卫生间设计实例
　　由于空间紧张,设计者在厕所与雅间之间设计了一面弧墙,将二者巧妙的分开,既使雅间获得个性,又使厕所节省了空间。

平面1∶150

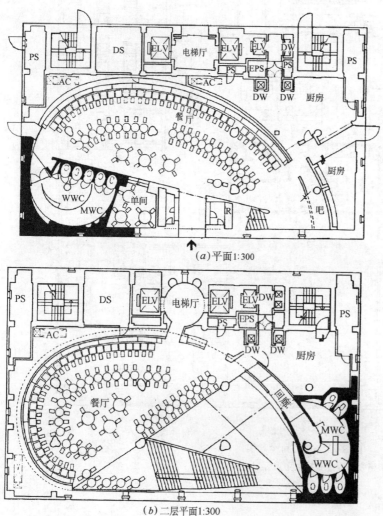

(a)平面1∶300

(b)二层平面1∶300

图 8-75　卫生间设计实例
　　东京浅草朝日啤酒大楼中的啤酒餐厅,卫生间的设计与整个空间的设计协调一致,打破通常方盒子的形式,富有个性。

第九章 专营餐饮店设计

第一节 咖 啡 厅

咖啡由发现至今已有三千余年历史,咖啡是具有兴奋作用的饮料,当今已成为西方人大众化的日常饮品,它在各国的消耗量逐年增加,咖啡厅也由此遍及全世界。

咖啡厅一般是在正餐之外,以喝咖啡为主进行简单的饮食,稍事休息的场所。它讲求轻松的气氛、洁净的环境,适合于少数几人交朋会友,亲切谈话等,由于不是进行正餐,在咖啡厅中可作较长时间的停留,是午后及晚间约会等人的好场所,很受白领工薪阶层和青年人、女士们的欢迎。

咖啡厅在各国形式多种多样,用途也参差不一。在法国,咖啡厅多设在人流量大的街面上,店面上方支出遮阳棚,店外放置轻巧的桌椅。喝杯咖啡、热红茶眺望过往的行人,或读书看报、或等候朋友。服务生则穿着黑制服白围裙,穿梭于桌椅之间,形成一道法国特有的风景。

在意大利,咖啡是在酒吧间喝的。在日本,虽然门面上都写着咖啡厅,但经营的内容彼此差别很大。我国咖啡厅很早已有,但数量不多,近几年随着生活的现代化和余暇时间增多,咖啡厅也像雨后春笋般在各地生长出来,然而目前像欧美那样很纯粹的以品尝咖啡为主的咖啡厅并不多,多数应称作冷热饮店或小吃店。

一、咖啡厅的空间布局与环境气氛

咖啡厅在我国主要设置在城市中,一般设在交通流量大的路边或附设在大型商场和公共建筑中,咖啡厅比起酒楼、餐馆规模要小些,造型以别致、轻快、优雅为特色。

咖啡厅的平面布局比较简明,内部空间以通透为主,一般都设置成一个较大的空间,厅内有很好的交通流线,座位布置较灵活,有的以各种高矮的轻隔断对空间进行二次划分,对地面和顶棚加以高差变化,见彩图9-1。在咖啡厅中用餐,因不需用太多的餐具,餐桌较小,例如双人座桌面有 $600\sim700$mm 见方即可,餐桌和餐椅的设计多为精致轻巧型,为造成亲切谈话的气氛,多采用2~4人的座席,中心部位可设一两处人数多的座席。咖啡厅的服务柜台一般放在接近入口的明显之处,有时与外卖窗口结合。由于咖啡厅中多以顾客直接在柜台选取饮食品、当场结算的形式,因此付货部柜台应较长,付货部内、外都需留有足够的迂回与工作空间。

咖啡厅的立面多设计成大玻璃窗,透明度大,使人从外面可以清楚地看到里面,出入口也设置得明显方便。

咖啡厅多以轻松、舒畅、明快为空间主导气氛,一般通过洁净的装修,淡雅的色彩,结合植物、水池、喷泉、灯具、雕塑等小品来增加店内的轻松、舒适感。此外,咖啡厅还常在室外设置部分座位,使内外空间交融、渗透,创造良好的视觉景观效果(彩图9-2)。

一级咖啡厅,装修标准较高,要求厅内环境优雅,桌椅布置舒适、宽敞。使用面积最低为 $1.3m^2$/座,若设音乐茶座或其它功能时可相应加大到 $1.5\sim1.7m^2$/座,二级咖啡厅使用面积应不少于 $1.2m^2$/座。

二、咖啡厅的厨房设计

咖啡厅的规模和标准差别很大,后部厨房加工间的面积和功能也有很大区别,一些小型的咖啡馆,客席较少,经营的食品一般不在店内自己加工,冷食、点心、面包等采用外购存入冷藏柜、食品柜的作法,有的仅有煮咖啡、热牛奶的小炉具及烤箱,对厨房要求很简单,见彩图9-3。大型咖啡厅多数自行加工、自行销售,并设有外卖,其饮食制作间需满足冷食制作和热食制作等加工程序的要求。冷食制作包括:冰激凌、冰点心、冰棍和可食容器的制作等。热食制作主要为点心、面包等食品和热饮料的制作,因此厨房面积比较大。自行加工的厨房应设置下列加工间:原料调配、煮浆、冰激凌、冰点心、冰棍、饮料、可食容器、点心面包等制作间。

　　由于咖啡厅所要求的各种原料用量不大,所以食品库房不必分类。咖啡厅所用的食器具也比一般餐厅少些,食具存放和洗涤消毒空间可相应缩小。冷食制作的卫生要求高,因此在冷食加工间和对外的付货部之间应设简单的通过式卫生处理设备,如在地面上设置喷水设施以及算子盖板和排水沟,至此经冲鞋后方能通过。冷食、蛋糕等成品必须冷藏,除在相应的加工间设置冰箱、冷柜等之外,还可设专门的成品冷库。自行加工厨房各加工间的流线布置如图9-1所示。

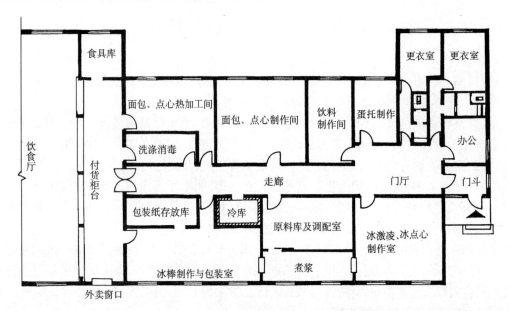

图 9-1　咖啡厅厨房各加工间的布置关系图

　　咖啡厅根据所经营的内容设置饮食制作间,制作间的大小并非取决于座位数的多少。所以制作间的面积与饮食厅的面积无固定比例,可根据实际情况自定。

三、咖啡厅的发展趋势

　　当前国内外对于咖啡厅的概念已有所更新,国内一改传统冷饮店脏、乱、小的弊病,以高雅的格调装修,或是以连锁店的方式经营,呈现崭新的经营风貌。国外更是与都市的现代化生活和休闲气氛结合起来,出现多种形态并行经营的咖啡厅,如咖啡厅 + VCD影视、咖啡厅 + 电脑网络厅,这类新型的咖啡厅符合现代青年人的口味,使他们能从中获取一块暂时属于自己精神世界的小天地,快乐地渡过时光。

　　咖啡厅实例见图9-2至图9-9、彩图3-5、彩图3-6及彩图9-1至彩图9-4。

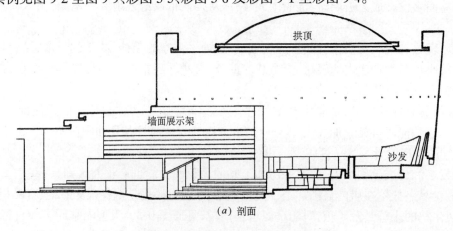

(a) 剖面

图 9-2　日本咖啡店"花卉235"(一)

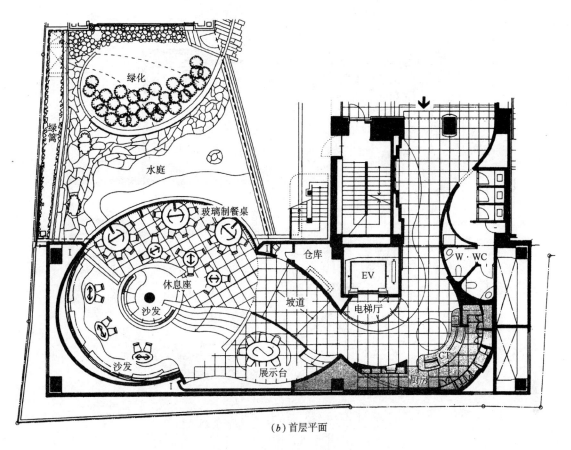

(b)首层平面

图 9-2　日本咖啡店"花卉 235"(二)

日本"池坊流"艺术插花总社开设的会员制咖啡店。曲线流畅的空间和层次丰富的庭院,使咖啡厅的氛围与其设计宗旨相吻合。

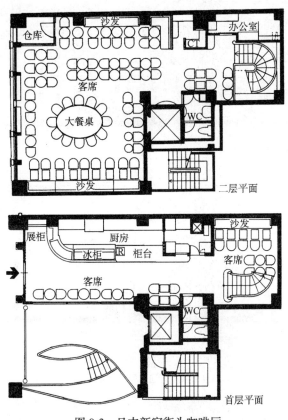

图 9-3　日本新宿街头咖啡厅

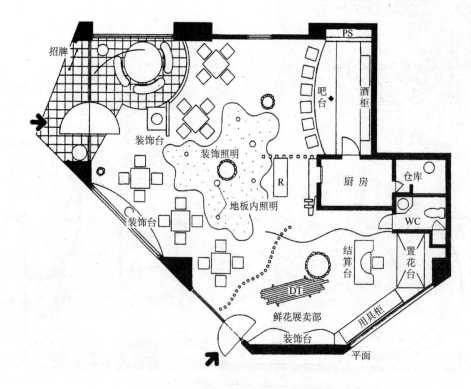

图 9-4 咖啡厅与花店并设,相互促进营销

图 9-5 气氛轻松、明快的咖啡厅
立面为通长大玻璃窗,入口处设楼梯直通二层室内布置简洁、明快,(参见彩图9-4)。

(a) 入口透视

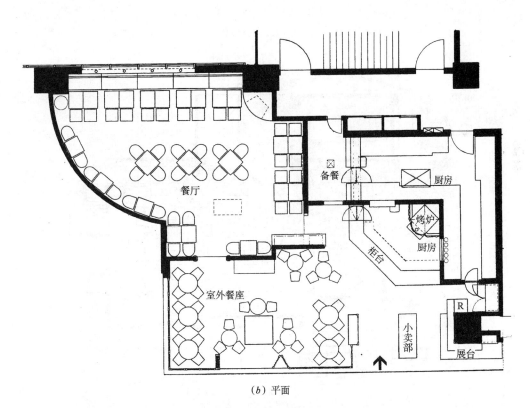

(b) 平面

图 9-6　地中海风格的咖啡店
入口处贩卖碗碟,酱菜等杂品,为小店增添了生活情趣。

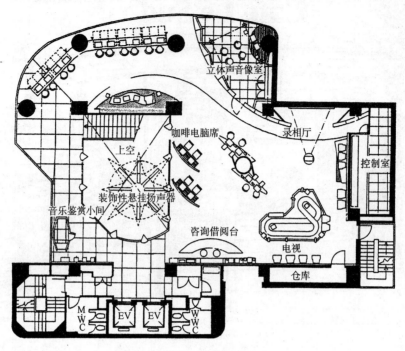

(a) 二层平面

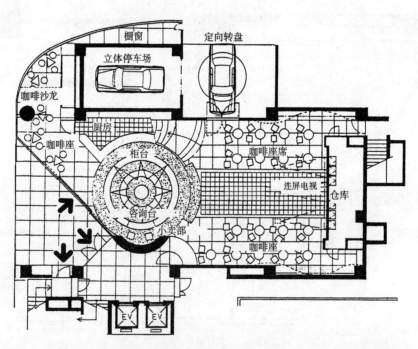

(b) 首层平面1:250

图 9-7 电脑咖啡屋

为迎合青年人的需求,一层设计了大型连屏电视,二层设置视听单间,大屏幕,及可供个人操作的电脑席。

174

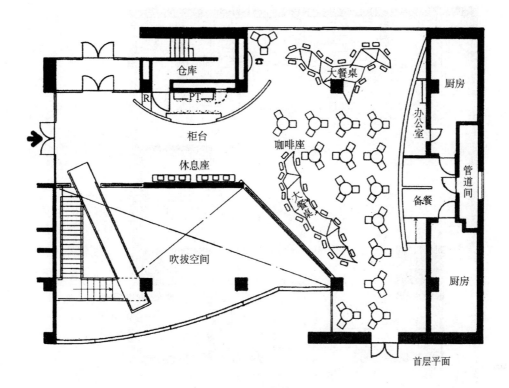

仓库

R PT.

厨房

办公室

管道间

备餐

柜台

休息座

咖啡座

大餐桌

大餐桌

吹拔空间

厨房

首层平面

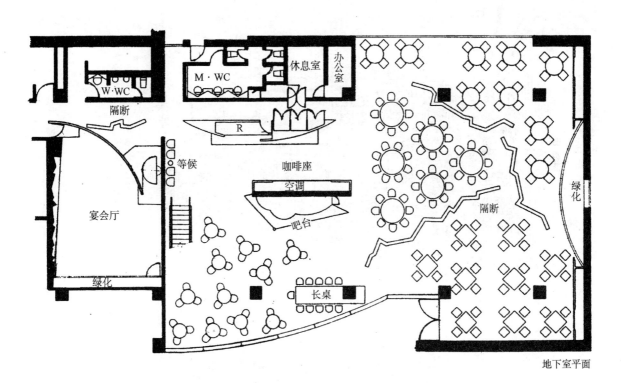

W·WC

M·WC

隔断

休息室

办公室

R

等候

咖啡座

空调

吧台

宴会厅

绿化

长桌

隔断

绿化

地下室平面

图 9-8　某咖啡店

采用半高的隔断,将餐饮空间分成几个区域,又利用一个大的"吹拔"将空间竖向贯通(参见彩图 9-1)。

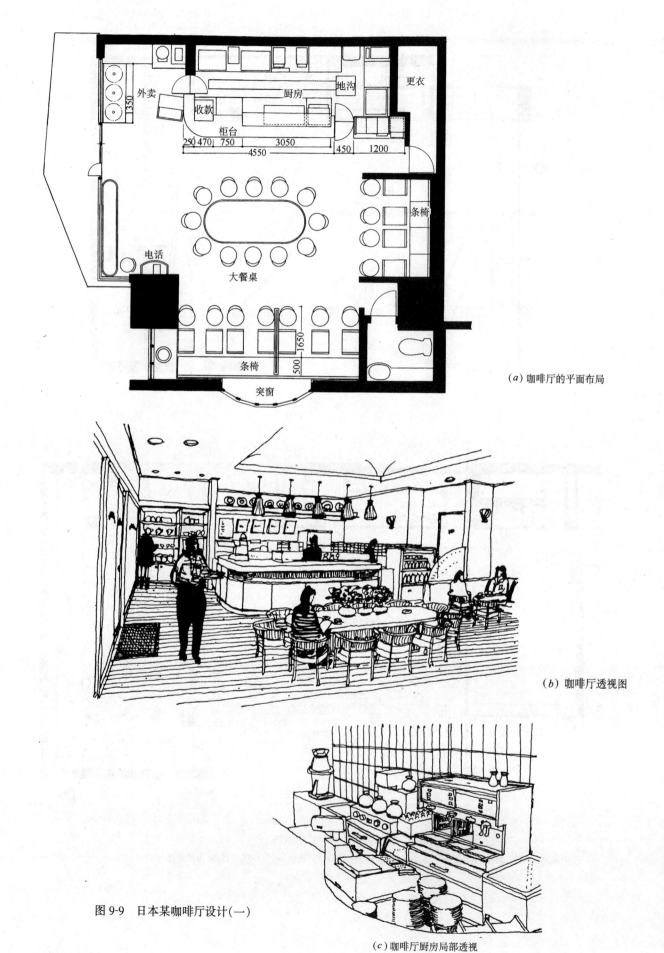

外卖

厨房

地沟

更衣

收款

1350

柜台

250 470 750 3050 450 1200

4550

条椅

大餐桌

电话

条椅

1650

500

突窗

(a) 咖啡厅的平面布局

(b) 咖啡厅透视图

图9-9 日本某咖啡厅设计(一)

(c) 咖啡厅厨房局部透视

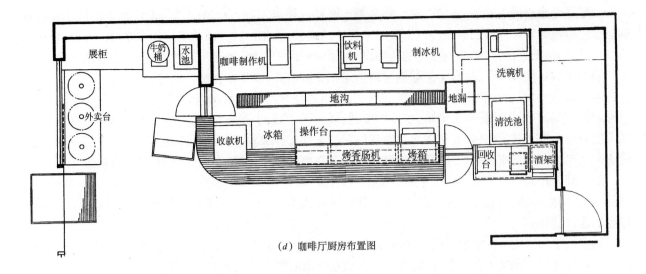

（*d*）咖啡厅厨房布置图

图9-9　日本某咖啡厅设计(二)

第二节　酒　　吧

酒吧的原文为英文的"bar"，这个英文单词的原意是"棒"和"横木"，这十分清楚地表明了其特征——是以高柜台为中心的酒馆。在译成中文时，根据其发音和经营内容而译成"酒吧"。

一、酒吧的类型

酒吧的类型有独立式酒吧和附设在大饭店中的酒吧，在我国一般旅游饭店中都设有酒吧，它可以为异国的游客或商务旅客解决夜晚无处排遣寂寞的困扰。独立式的酒吧以前在我国较少，但如今在一些商业闹区也逐渐流行开来，它给忙碌的现代人提供了一个下班后无拘无束、交朋会友的好场所。由于酒水、饮料的销售利润高于食品，约在60%～70%之间，因而酒水部成为餐饮部的重要组成部分，不少普通的餐厅也增设了酒吧。

近年来，为了吸引不同的消费群体，突出特色，酒吧的类型变得多种多样，它已从原来单纯的饮酒功能拓展出去，例如酒吧开始与体育、消遣、娱乐设施相结合，与音乐、文学、展示、信息等科学、文化艺术结合，归纳起来大致可以分为下列七种：

① 音乐舞蹈类酒吧：如钢琴吧、摇滚吧、卡拉OK吧，与迪斯科舞厅结合的迪吧等，见彩图9-5。

② 风格陈设类酒吧：其装饰陈设有特色，环境氛围给人一种独特的文化享受，如"雏鸟俱乐部"、"摩托车俱乐部"等。

③ 收藏展示类酒吧：以有趣的形式展现各种收藏，以营造一种特别的氛围，如有的展现各国汽车的车牌，有的陈列各种开瓶盖的"起子"等。

④ 自制自酿类酒吧：该类酒吧所售的主要酒类和饮料为本店自酿，以其饮料的独特风味来招徕顾客。

⑤ 诗歌文学类酒吧：给诗社、文学社、广告人或文化人提供聚会处，如"鲁迅文学沙龙"等。

⑥ 体育休闲类酒吧：给球迷、体育爱好者制造交流聚首的机会。常设置电视屏幕直播各种赛事，或设置台球桌、麻将桌等，使人边饮酒边进行休闲运动。

二、酒吧的空间布局和环境气氛

酒吧的面积一般不太大，空间设计要求紧凑，吊顶较低。酒吧中的吧台通常在空间中占有显要的位置，小型酒吧中，吧台设置在入口的附近，使顾客进门时便可看到吧台，店家也便于服务管理。酒吧中除设有柜台席外，还设置一些散席，以2～4人座为主。由于不进行正餐，桌子较小，座椅的造型也比较随意，常采用舒适的沙发座。

酒吧是个幽静的去处,一般顾客到酒吧来都不愿意选择离入口太近的座位。设计转折的门厅和较长的过道可以使顾客踏入店门后在心理上有一个缓冲的地带,淡化在这方面的座位优劣之分。此外,设在地下一、二层的酒吧,可通过对必经楼梯的装饰设计,预示店内的气氛,加强顾客的期待感,见彩图9-6。

酒吧多数在夜间经营,适合于工薪族下班后来此饮酒消遣,以及私密性较强的会友和商务会谈。因此它追求轻松的、具有个性和隐密性的气氛,设计上常刻意经营某种意境和强调某种主题。音乐轻松浪漫,色彩浓郁深沉,灯光设计偏重于幽暗,整体照度低,局部照度高,主要突出餐桌照明,使环绕该餐桌周围的顾客能看清桌上置放的东西,而从厅内其它部位看过来却有种朦胧感,对餐桌周围的人只是依稀可辨。酒吧中公共走道部分仍应有较好的照明,特别是在设有高差的部分,应加设地灯照明,以突出台阶。

吧台部分作为整个酒吧的视觉中心,照度要求较高,除了操作面的照明外,还要充分展示各种酒类和酒器,以及调酒师优雅娴熟的配酒表演。从而使顾客在休憩中同时得到视觉的满足,在轻松舒适的气氛中流连忘返,见彩图9-7。

酒吧以争取回头客为重要的经营手段,这一方面需要经营者与顾客间建立熟悉的关系,另一方面酒吧的设计意境和气氛也是十分重要的,顾客会因为喜欢这家酒吧的氛围而常来此店。

酒吧实例见图9-10至图9-18及彩图9-8、彩图9-9。

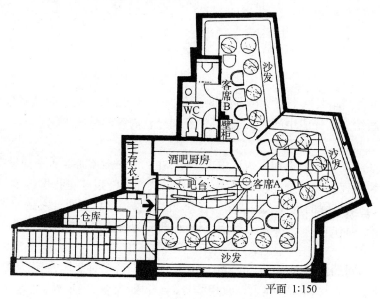

平面 1:150

图9-10 "雷诺"酒吧(参见彩图9-8)

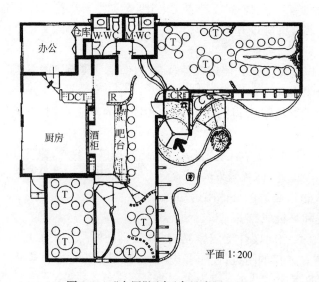

平面1:200

图9-11 "木屋"酒家(参见彩图9-9)

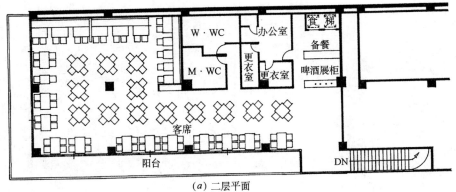

(a) 二层平面

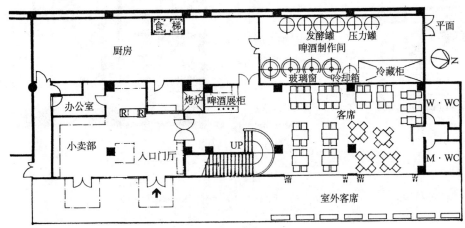

(b) 首层平面 1:300

图 9-12 "伊豆高原"啤酒屋

　　该店在厨房旁设置啤酒制作间,从餐厅中透过玻璃窗,可观看到啤酒制作过程,制作间成为餐厅中的一景。门厅中设有小卖部,贩卖自产的啤酒等。

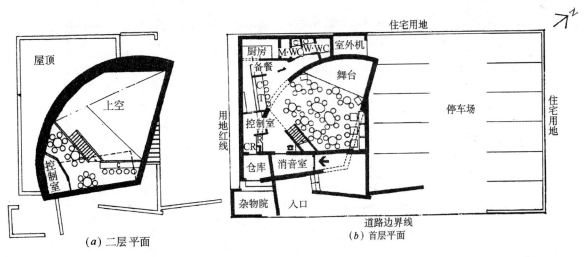

(a) 二层平面　　　　　　(b) 首层平面

图 9-13 卡拉 OK 酒吧

　　设在住宅区中的卡拉 OK 酒吧厅,防止噪音流溢是一重要问题。该酒吧在入口处设置了消音室,把墙壁做厚,并不开外窗,以确保隔音效果。此外其内壁做了一些曲线和折线的处理,保证了音响的均匀扩散。

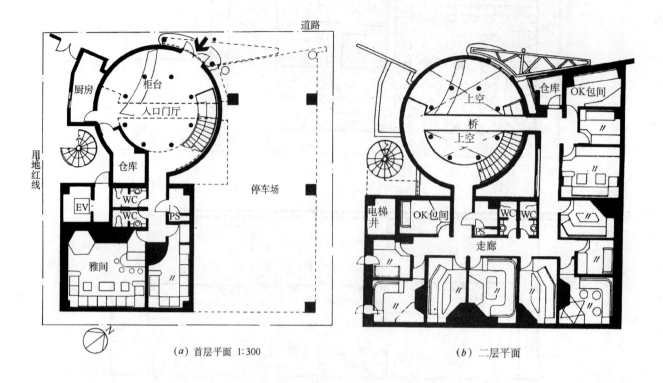

（a）首层平面 1:300　　　　　　　　　　　（b）二层平面

图 9-14　卡拉 OK 酒吧（OK 包间参见彩图 9-5）

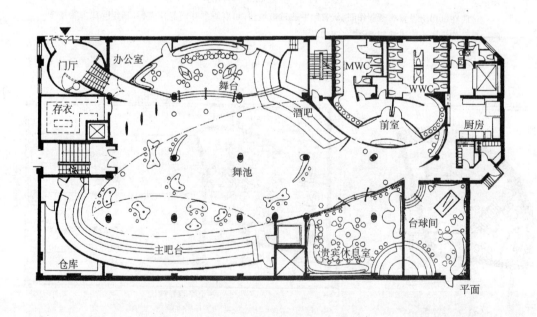

图 9-15　酒吧＋迪厅

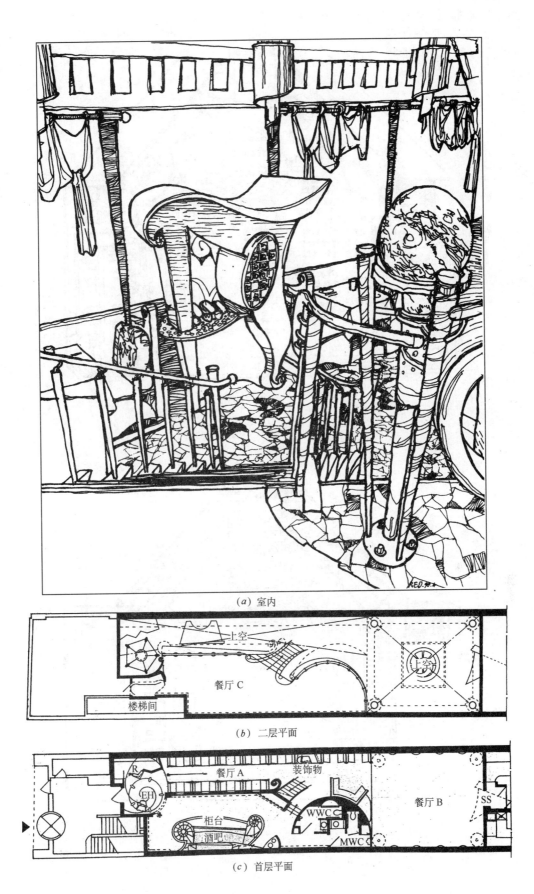

(a) 室内

上空

餐厅 C

楼梯间

(b) 二层平面

R

EH

餐厅 A

装饰物

柜台

酒吧

WWC

MWC

餐厅 B

R

SS

(c) 首层平面

图 9-16 欧风酒吧

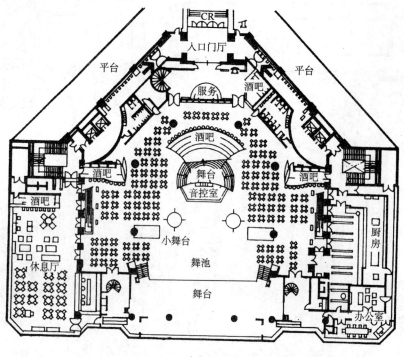

(a) 三层平面

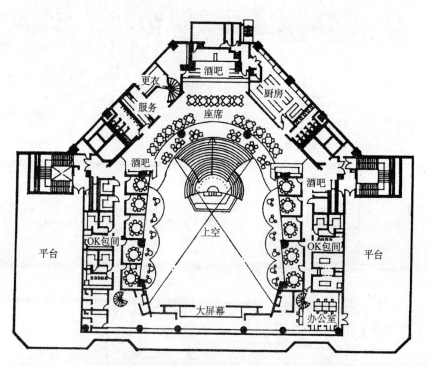

(b) 四层平面

图 9-17 北京王府井大饭店内迪厅

182

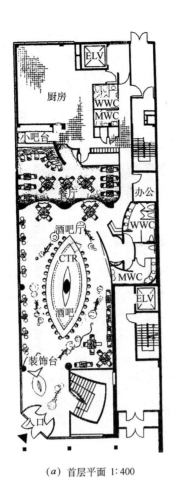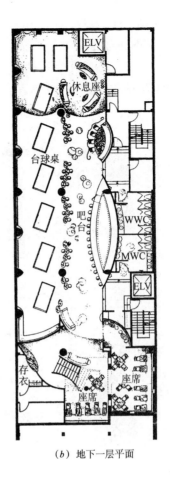

(a) 首层平面 1∶400　　　　　(b) 地下一层平面

图 9-18　体育休闲吧

三、酒吧吧台设计

酒吧的特点是具备一套调制酒和饮料的吧台设施,为顾客提供以酒类为主的饮料及佐酒用的小吃。吧台又分前台和后台两部分,前吧多为高低式柜台,由顾客用的餐饮台和配酒用的操作台组成。后吧由酒柜、装饰柜、冷藏柜等组成。吧台的形式有直线型、O 型、U 型、L 型等,比较常用的是直线型,吧台边顾客用的餐椅都是高脚凳,这是因为酒吧服务侧的地面下因有用水等要求,要走各种管道而垫高,此外服务员在内侧又是站立服务,为了使顾客坐时的视线高度与服务员的视线高度持平,所以顾客方面的座椅要比较高。为配合座椅的高度以使下肢受力合理,通常柜台下方设有脚踏杆。吧台台面高 1000～1100mm,坐凳面比台面低 250～350mm,踏脚又比坐凳面低 450mm。吧台见详图 9-19。

吧台席多为排列式,坐在吧台席上可看到调酒师的操作表演,可与调酒师聊天对话,适合于单个的客人或两个人并肩而坐。为了使吧台能给人一种热烈的气氛,需要吧台有足够大的体量。但由于吧台与 4 人座的厢型客席相比,单位面积能够容纳的客人数较少,加大吧台的体量就会减少整个店容纳的客人数量。解决这一矛盾

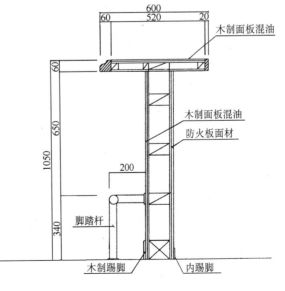

图 9-19　酒吧吧台详图

183

的方法是把吧台一端与一个大桌子相连,由于大桌子周围可以坐较多的客人,从而弥补了加大吧台体量给座位数带来的损失,同时也能在设计上打破一般常规吧台的形式而具有新意,见图 9-20、图 9-21。吧台座椅的中心距为 580～600mm,一个吧台所拥有的座位数量最好在 7～8 个以上,如果座位数量太少,吧台前的座席就会使人感到冷清和孤单而不受欢迎。

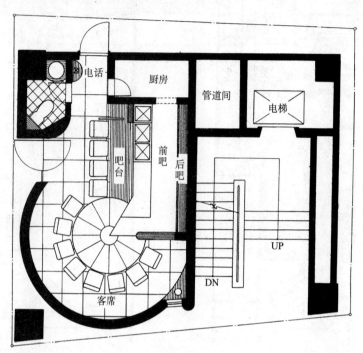

(a) 平面图 1:100

(b) 轴测图

图 9-20 吧台端头加大圆桌的实例

除了上述吧台即前吧外,后吧的设计也十分重要。由于后吧是顾客视线集中之处,也是店内装饰的精华所在,需要精心处理。首先应将后吧分为上下两个部分来考虑,上部不作实用上的安排,而是作为进行装饰和自由设计的场所。下部一般设柜,在顾客视线看不到的地方可以放置杯子和酒瓶等。下部柜最好宽400~600mm,这样就能储藏较多的物品,满足实用要求。酒架详图见图9-22。

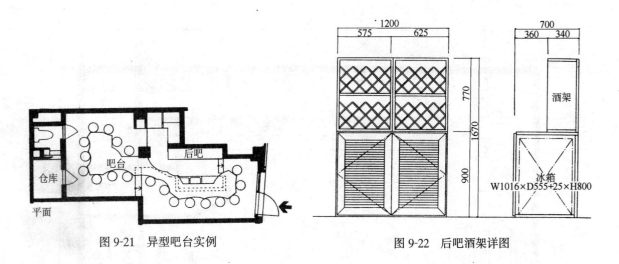

图 9-21　异型吧台实例　　　　　　　　　图 9-22　后吧酒架详图

作为一套完善的吧台设备,其前吧应包括下列设备:酒吧用酒瓶架,三格洗涤槽(具有初洗、刷洗和消毒功能)或自动洗杯机、水池、饰物配料盘、贮冰槽、啤酒配出器、饮料配出器、空瓶架及垃圾筒等。

后吧应包括以下设备:收款机,瓶酒贮藏柜,瓶酒、饮料陈列柜,葡萄酒、啤酒冷藏柜、饮料、配料、水果饰物冷藏柜及制冰机、酒杯贮藏柜等。

前吧和后吧间服务距离不应小于950mm,但也不可过大,以两人通过距离为适,冷藏柜在安装时应适当向后退缩,以使这些设备的门打开后不影响服务员的走动。走道的地面应铺设塑料格栅或条型木板架,局部铺设橡胶垫,以便防水防滑,这样也可减少服务员长时间站立而产生的疲劳。

四、酒吧厨房设计

酒吧的厨房设计与一般餐厅的厨房设计有所不同,通常的酒吧以提供酒类饮料为主,加上简单的点心熟食,因此厨房的面积占10%即可。也有一些小酒吧,不单独设立厨房,工作场所都在吧台内解决,由于能直接接触到顾客的视线,必须注意工作场所要十分整洁,并使操作比较隐蔽。

吧台区的大小与酒吧的面积、服务的范围有关,此外在狭窄的吧台中配置几名工作人员是决定作业空间大小的关键因素。在满足功能要求的前提下空间布置要尽可能紧凑。在布置厨房设施时要注意使操作人员工作时面对顾客,以给顾客造成亲切的视觉和心理效果。工作人员面对顾客还易于及时把握顾客的需求,有利于提高服务质量。

酒吧厨房的具体设置分下列几个部分:

1．贮藏部分

酒吧厨房的储藏主要用于存放酒瓶,除了展示用的酒瓶和当日要用的酒瓶外,其它酒瓶都应妥善地置放于仓库中,或顾客看不到的吧台内侧,此外还要保管好空酒瓶及其箱子。

2．调酒部分

这是吧台内调酒师最重视的空间,操作台的长度在1800~2000mm之间最为理想,在这个范围内将水池、调酒器具等集中配置,会使操作顺手和省力。

3．清洗部分

小酒吧中直接在吧台内设置清洗池,大酒吧中把清洗池设在厨房或设单独的洗涤间,如果在吧台内洗酒具,应注意不要使坐在吧台前的顾客感觉碍眼或被溅上水。

4．加热部分

由于酒吧的主要功能是提供酒类饮料，因此加热功能最好控制在最低限度。如果菜单上有需要加热的食物，那么只要空间上允许应尽可能另设小厨房。在吧台内烧开水或进行简单的加热时，最好使用电磁加热灶或微波炉。

酒吧厨房实例见图9-23。

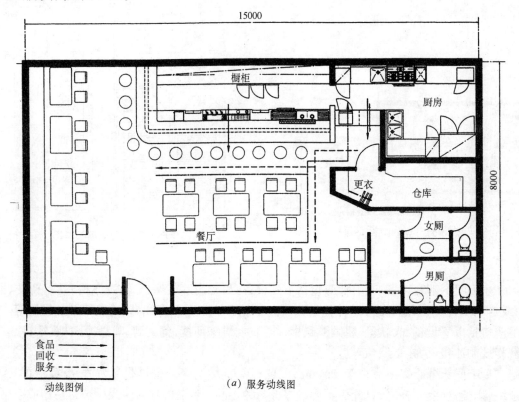

（a）服务动线图

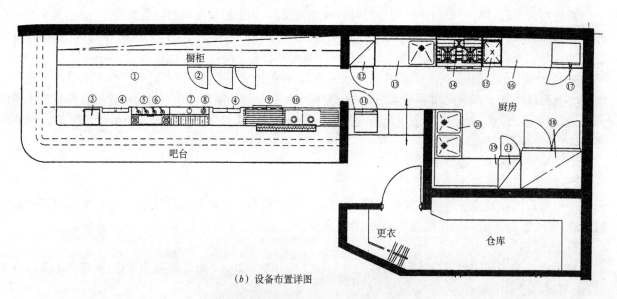

（b）设备布置详图

图9-23　酒吧服务动线和厨房布置详图

①操作台　②冷柜　③冰激凌柜　④抽拉柜　⑤制冰机　⑥搅拌器　⑦粉碎机　⑧混合器　⑨洗杯器　⑩水池　⑪毛巾加热消毒柜　⑫玻璃冷柜　⑬操作台　⑭煤气灶　⑮油炸箱　⑯操作台　⑰微波炉　⑱冰箱　⑲操作台　⑳水池　㉑制冰机

第三节　日　式　餐　厅

日式餐厅也称为和风餐厅,是专门经营"和食料理"的日本风格的餐厅。

按日本饮食业界的分类,和食料理店是指经营日本传统料理的一类饮店,例如,天麸罗料理店、鳗鱼料理店、河鱼料理店、鸡料理店、螃蟹料理店和乡村料理店等。但对于开设在我国的日式餐厅,也许分类不是很重要,也不必很细,而重要的是风格特色,除了在食品和烹饪手段上要尽可能采用日本式的以外,餐厅的平面格局和装饰风格也必须要有日本特色。

"和食料理店"的平面大致分为客用餐厅、备餐前台、厨房、管理办公等几部分。其中客用餐厅可分为座椅席、柜台席、榻榻米席,雅座式的榻榻米单间和大宴会用的榻榻米式的"广间"。

和风餐厅追求朴素、安静、舒适的空间气氛,室内装修一般都采用自然材料如木、草、竹、石等,空间比较低矮,净高多数在2300~2700mm之间,门窗都为推拉式,空间可分可合,地面铺榻榻米席。榻榻米席是和风建筑中特有的座席形式。"榻榻米"实际是一种用草编织的有一定厚度的垫子。一块垫子叫做一帖。一帖的标准尺寸是900mm×1800mm。日本人的传统习惯是在榻榻米席上盘腿而坐,虽然随着西方文化的进入和生活的现代化,日本人也开始了坐高椅子的生活。但对于大多数中老年日本人来说,席地坐的低视线、低重心及榻榻米席冬暖夏凉、软硬适中的质地仍使他们感到舒适和踏实,特别是喝酒佐餐的场合,更觉得与高座椅席有明显的差别。由于榻榻米席的铺设不同,隔断布置位置不同,和风餐厅中的这类空间有许多不同的称谓,下面将分别列出。

一、榻榻米席的铺贴形式

1. 条列式榻榻米座席

这种榻榻米座席一般与椅子式的座席并置在同一个大空间中,沿边布置。通常进深为1800mm(即一帖席的长度),也有进深为1350和2700mm的。宽度(或称长方向的尺寸)根据餐厅空间和设计而定,总体一般呈长条形式,中间也可置隔断进行分割,见图9-24。

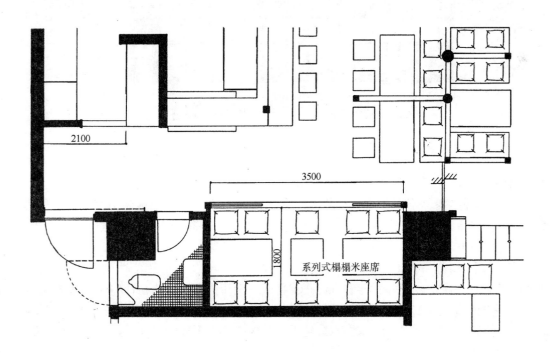

图 9-24　条列式榻榻米席

2．榻榻米雅间

常用的榻榻米雅间有4.5帖、6帖、8帖等，4.5帖的空间一般供四人用餐，摆6人的座席时稍感紧张，8帖的空间供6人进餐则比较宽裕，具有高级感。雅间设有可以推拉和摘取的门扇，一般都有两个方向设这样的推拉门，以便灵活的设置出入口和服务路线。门扇的标准尺寸与一帖榻榻米席相同，为900mm×1800mm，见图9-25至图9-28。

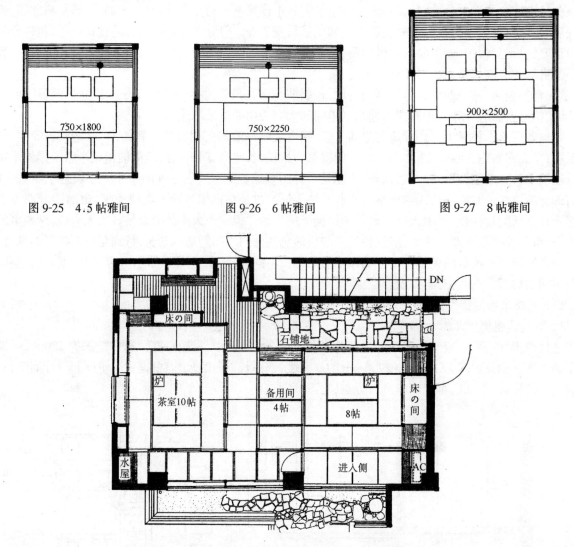

图9-25　4.5帖雅间　　　　　图9-26　6帖雅间　　　　　图9-27　8帖雅间

图9-28　以门扇灵活隔断的榻榻米雅间

3．榻榻米"广间"

由十二帖以上榻榻米席连续铺设而成的大空间称作"广间"，"广间"一般做为宴会场所供集团及多数人使用。"广间"中端头设主席席，普通席则垂直于主席席排列，根据房间空间的宽度排成一列、二列或多列，见图9-29、图9-30。

4．下沉式榻榻米席

因受欧美生活习惯影响，日本的年青人已逐步喜爱上坐椅的生活方式，所以下沉式榻榻米席在餐饮店中备受青睐，它既保持日本传统榻榻米席的特色，又有坐座椅时可把下肢垂下放松的优点。需要注意的是榻榻米席是块状的，一帖为一块。下沉的部分是去掉其中的一帖形成的，下沉的深度一般为400mm左右，见图9-31及彩图9-10。

二、和室中的"床の间"

"床の间"（日文）即一种壁龛，原是"和室"中供佛的佛龛，后经演变形成一种装饰空间。

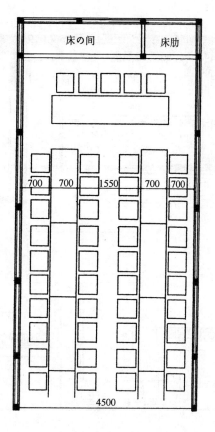

图 9-29 宴会用榻榻米"广间"

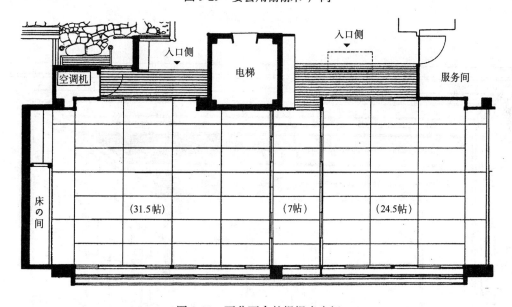

图 9-30 可分可合的榻榻米广间

"床の间"是"和室"中最重要的空间,靠近它的席是贵宾席,上菜的出入口与它形成对角线的位置关系。"床の间"的尺寸形式很多,一般与帖的尺寸相呼应,占一帖大小。现代和风设计中也有根据空间的大小和整体构思而将它变形的,例如改变形状,进深变浅等,见彩图9-11。

传统"床の间"通常分成两部分,一部分就叫"床の间",另一部分叫"床肋",床肋部分有一些贮藏的格、柜,其上也可放一些装饰品。

吊顶木板及邻接"床の间"的榻榻米席铺设时要与"床の间"平行,与其垂直铺设是忌讳的形式,见图9-32、图9-33。

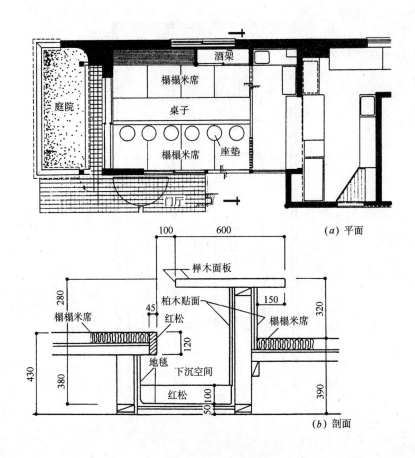

（a）平面

（b）剖面

图 9-31　下沉式榻榻米席

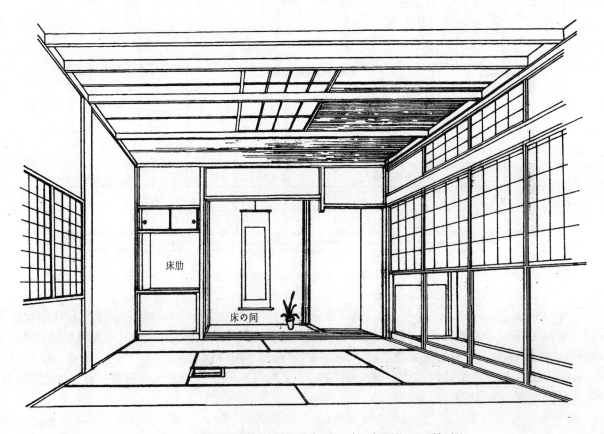

图 9-32　和室风格及"床の间"的形式（注："床の间"见 188 页解释）

190

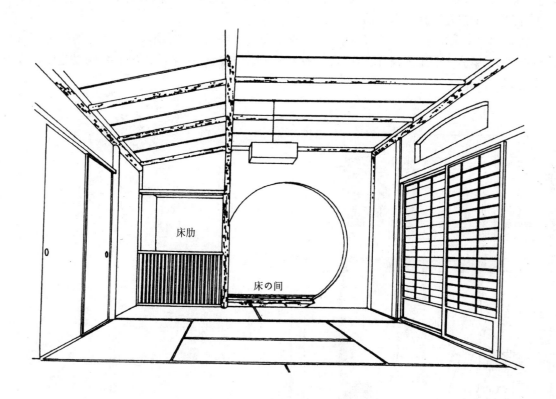

图 9-33　和室及"床の间"

三、柜台席

　　沿条形的柜台或桌子一侧布置坐位就形成柜台席,柜台席在日本餐馆中运用比较多。柜台席有直线型、L型、折线型、曲线型和高低式等多种型式,柜台席一般与酒吧、开敞式厨房结合,常作为厨房与餐厅间的分界,柜台的一边是厨房的操作台,另一边是客人用的餐桌。它节省了端送的路线,使店家与顾客之间的关系更加亲切、融洽,特别对单人顾客是很好的就餐位置。在日本,由于一般的餐馆临街面都很小,多数是向纵深延长的窄长型空间,顺纵深方向沿厨房设立柜台席是解决布局困难的有效方法。因此柜台席在日本的路边"拉面店"、"寿司店"、小酒店中随处可见。

　　除了沿厨房设置外,还有面对窗子和面对墙壁的柜台席。面对窗子的席位,对顾客特别是单人顾客来说有良好视野,是舒适安静的位置。而面对墙壁就显得单调和冷清。

　　柜台席的面板在装修中占据重要的地位,在"和风"餐馆中多数采用木质材料,注重突出材料的自然形态及纹理,如彩图9-12。柜台席的上方常常利用来做吊柜存放餐具物品等。

四、"和风"餐厅的入口

　　"和风"餐馆的入口有其自己的特色,一般包括下列几个部分:前庭、置放食品样品的展示柜、"玄关"(即门厅)及收银台。

　　前庭常设置成日本古典庭园的形式,例如摆放茶室中运用的石灯、水钵、庭石、花草、竹、白砂等。前庭的空间一般很小,但组合精巧,常与"玄关"一起造成曲径通幽、引人入胜的效果。特别是在高级餐馆中,前庭与玄关的空间进深拉大,能使人进入餐座之前精神放松,有一个较好的心理过渡,对餐馆也能留下深刻的印象,见图9-34。

　　"玄关"通常设自动开启门或推拉门,地面铺设日本大理石或岩石,在一般住宅中玄关和正厅之间有一步高差,客人在此换鞋,但餐厅是公共场所,虽有同样的空间处理,但客人不在此处换鞋,而是移至榻榻米席前脱鞋。

　　食品样品展示柜在日本餐馆门前比较常见,展示柜中陈列该店主要的菜肴,展品都是塑料制品,形象逼真、色彩鲜艳,有很好的直觉效果,并且每份饭菜都明码标价,使客人在门外就对店中经营的项目和价格有所了解,能方便的进行选择。食品展示柜详图见9-35。

在日式餐厅中多采用饭后结帐的形式。所以收银台设置在出入口的附近,收银台的位置可监视到餐厅大部分空间,了解客人的出入情况,收银台一般不正对大门设置,而是设在门的一侧以免使客人出入时形成对视感到不自在。

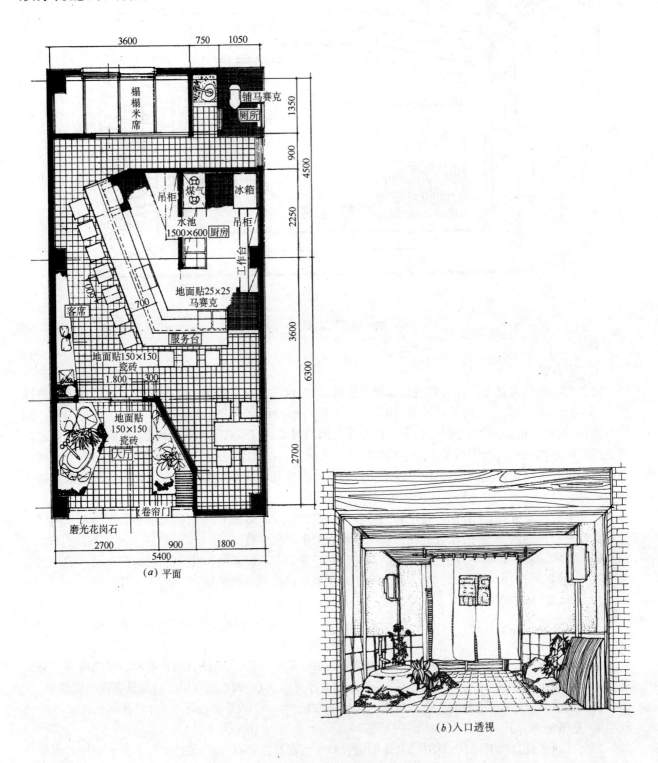

(a) 平面

(b) 入口透视

图 9-34 入口带庭院的小型和风餐厅

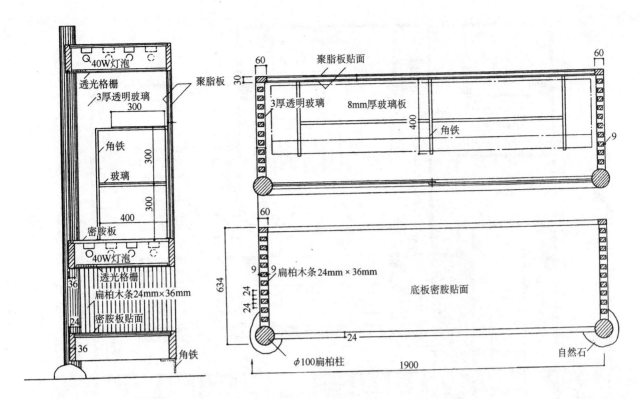

图 9-35　食品展示柜详图

五、日式餐厅的厨房

日式餐厅的厨房与中餐厨房有一定的区别,中国菜中热炒比较多,主食的花样也从米饭、饺子、馄饨到花卷、火烧等多种多样,而日本料理中热炒较少,以其操作量多少为顺序排列的话,第一位是烧,其次是煮、炸、炒、蒸。日本人的主食以米饭为主,间或用些炒饭和煎饺,因此主食制作比较单纯。主食初加工主要是一个淘米工作,所占空间较小。此外购进的蔬菜、禽蛋类已经过较细的初加工,经简单处理就可用于配菜。副食初加工的场所主要是一个水清洗空间,用于处理鱼虾、海鲜类产品。

日本人采用的是分餐制,同时非常讲究餐具的形式美和菜肴与餐具的搭配,每份饭菜在量上不是很大,但盘碟用量较大。总的来说,日式厨房中用于初加工的面积比较小,而用于存放食品、物品的空间特别是冷冻、冷藏库占相当大的面积,以厨房面积为 100% 进行比较:

食品库占	8.5%	(贮藏调味品、油、盐、米等)
冷冻冷藏库占	18.5%	(鲜鱼、肉、蔬菜、豆制品)
操作调理空间占	57%	(配菜、制作、烹饪)
清洗贮藏空间占	8%	(炊具、碗具清洗暂时存放等)

厨房与餐厅的面积相比,厨房占 30% ,当然不同类型的餐馆也有一些出入,如"寿司店"的厨房面积大些,而"拉面馆"的厨房就小一些。

日式餐厅厨房及工作流线见图 9-36、图 9-37。日式厨房常用厨具见图 9-38 至图 9-41。日式餐厅平面设计及室内装饰风格见实例图 9-42 至图 9-48。

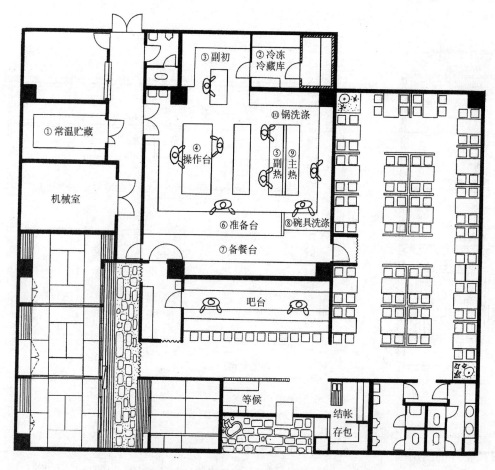

图 9-36　日式餐厅的厨房布局与人员配置

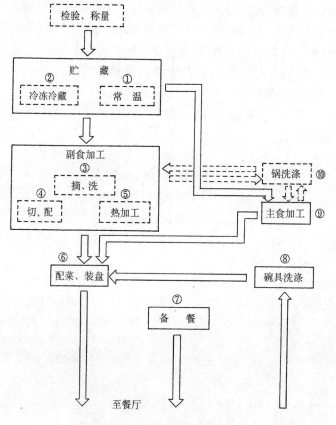

图 9-37　日式餐厅的厨房工作流线

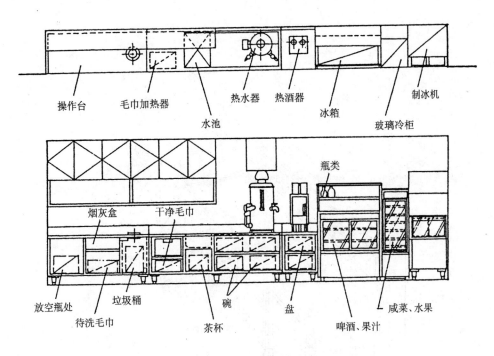

图 9-38　酒水服务台设备

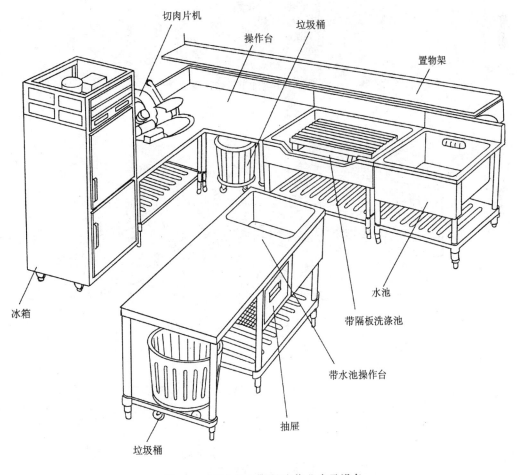

图 9-39　副食初加工洗涤作业台及设备

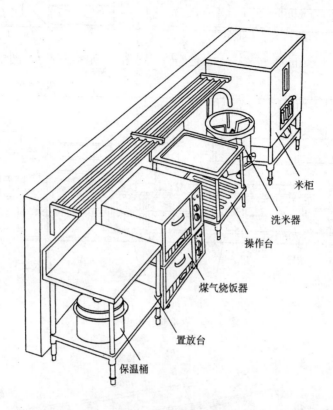

图 9-40 主食加工机械设备

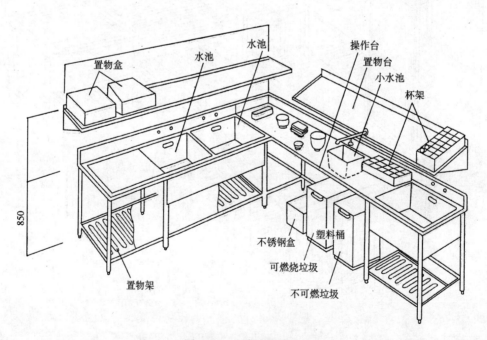

图 9-41 碗碟清洗设备

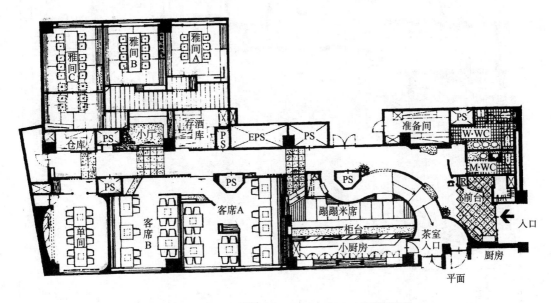

图 9-42 "万滩"和风餐厅(注:图中 EPS、PS 为管道间)

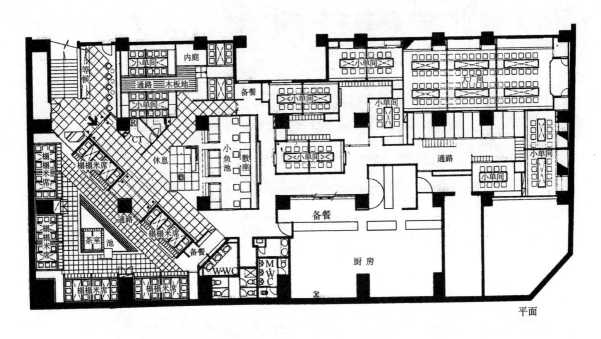

图 9-43 "蟹道乐"和风餐厅

该餐厅是经营海鲜的餐厅,以"螃蟹"、"水"为设计主题,设有"广间"、雅间、条列席、茶室等典型的日式客席。

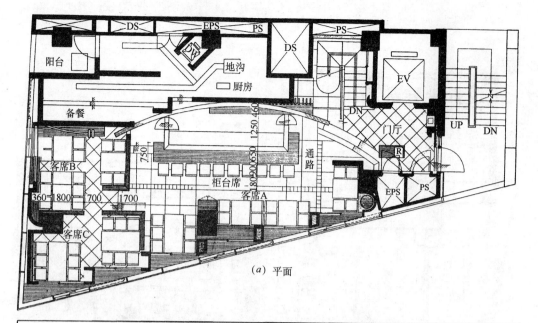

(a) 平面

(b) 入口

图 9-44 和风酒家

图 9-45 古典和风装修式样

图 9-46　古典和风装修式样

图 9-47　现代和风装修式样

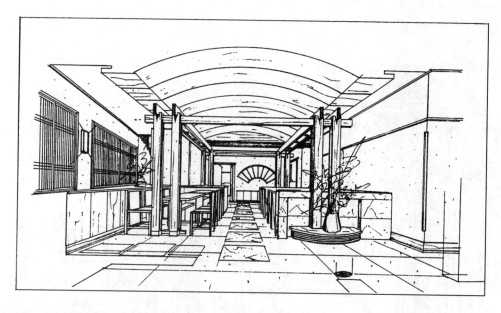

图 9-48 现代和风装修式样

第四节 西 餐 厅

西餐泛指根据西方国家饮食习惯烹制出的菜肴。西餐起源于意大利,最早形成于古罗马时期,中世纪基本定型。13世纪时意大利人马可·波罗曾将某些欧洲菜点的制作方法传到中国,但没有形成规模,西餐真正传入中国是在1840年鸦片战争之后。

鸦片战争后,各帝国主义列强蜂拥而入,西方各国菜点也随之传入中国。当时西餐在中国只是洋人的"住宅菜",后来有了洋人饭店的西餐厅和中国人经营的"蕃菜馆",但能吃西餐的中国人也仅限于官僚和商人,因此西餐在中国并不普及。

近年来,在我国改革开放政策的推动下,旅游事业蓬勃发展,旅游涉外饭店犹如雨后春笋遍及全国主要城市,带动了西餐厅的设置。在让外国人品尝中国的美味佳肴的同时,也准备好了他们习惯吃的西餐。富裕起来的中国人出于好奇或换换口味的需要,开始频繁的走进了西餐厅,使西餐在餐饮业中逐渐取得地位,目前小型的西式快餐厅、咖啡馆、大型的专业西餐厅已比较普遍。

一、西餐的分类与特点

西餐分法式、俄式、美式、英式、意式等,除了烹饪方法有所不同外,还有服务方式的区别。法式菜是西餐中出类拔萃的菜式,其特点是选料广泛、做工精细、滋味鲜美。为了追求鲜嫩,法式菜通常烧得很生,牛扒只需七八成熟,烧野鸭则只要三四成熟就吃,特别是生吃牡蛎,是法国人喜爱的冷菜之一。用酒调味,量大而讲究,做什么菜用什么酒都有一定的规定。如清汤用葡萄酒,海味用白兰地,火鸡用香槟,水果和甜点用甜酒等。另外法式服务中特别追求高雅的形式,例如服务生、厨师的穿戴、服务动作等。此外特别注重客前表演性的服务,法式菜肴制作中有一部分菜需要在客人面前作最后的烹调,其动作优雅、规范,给人以视觉上的享受,达到用视觉促进味觉的目的。因操作表演需占用一定空间,所以法式餐厅中餐桌间距较大,它便于服务生服务,也提高了就餐的档次,高级的法式菜有十三道之多,用餐中盘碟更换频繁,用餐速度缓慢。

豪华的西餐厅多采用法式设计风格,其特点是装潢华丽,注意餐具、灯光、陈设、音响等的配合,餐厅中注重宁静,突出贵族情调,由外到内、由静态到动态形成一种高雅凝重的气氛,见彩图9-13和彩图9-14。

西方人士的饮食习惯中,上什么菜肴食品、使用何种器皿及刀、叉、匙均有所讲究,因此杯、盘、刀、叉种类很多。西餐最大特点是分食制,按人份准备食品,新上一道菜,不是把菜肴放在桌子中央共食,而是由服务生分到每个人的餐盘中,餐盘、刀、叉具放置的范围以每一位客人使用桌面横24英寸[①]、直16英寸为准。因此4人用圆桌直径为900～1100mm,6人的长方桌长边2000～2200mm,短边850～900mm。

目前中国的西餐厅主要经营形态有美式和欧式两种。欧式的以法式为正宗,但其烹饪及服务速度缓慢,不如美式的便捷。美式西餐是各种形式的混合体,其特点是:食物在厨房烹制、装饰后分别盛于各食盘上,然后直接端给客人食用,好处是迅速、趁热上桌,客人在用餐时也可以要求供应咖啡,边吃边饮。空间及装修也十分自由、现代化,见彩图9-15。由于美式西餐服务便捷省力,一个服务员可同时服务几桌客人,经营成本低,加之美式传入稍早,因此在中国美式西餐厅比欧式西餐厅更为普遍。

二、西餐厨房

西厨调理无论是欧式还是美式,烹制方法均偏于煎、炸、烤、煮。与中餐相比,产生油烟较少,厨房易于保持清洁。此外西餐厨房分工明确,厨房用具、设备名目繁多且用途专一。例如有专门的压面机、打蛋机、锯齿型电动切牛肉刀,土豆泥搅拌器等。用具、器皿、设备绝大多数为不锈钢制,易于清洗、保洁。

西餐厨房尤其是一些小餐厅或快餐厅有一些是开敞的,它使顾客在进餐的同时,可以欣赏厨师烹饪的高超手艺,加强厨师与顾客之间的交流,听见操作时锅、碗、刀、叉发出的响声,感到、闻到厨房传来的气浪、香味,很容易形成亲切热烈的家庭就餐气氛。开敞式的厨房,还能使整个餐厅显得宽敞,对于一些小型餐馆非常实用,见彩图9-16。

西餐烹饪因使用半成品较多,所以初加工等面积可以节省些,比中餐厨房的面积略小,一般占营业场所面积的1/10以上。

西餐厅实例及西餐厨房布局、设备见图9-49至图9-54。

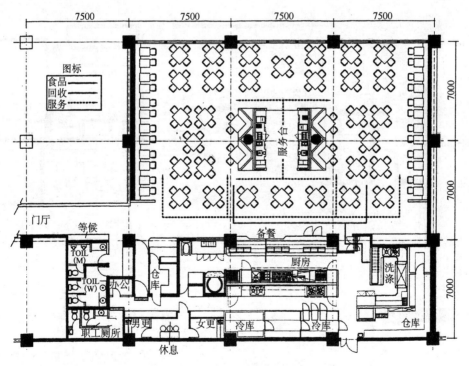

图 9-49　意大利餐厅实例

---

① 英寸——英制单位,1英寸=2.54厘米。

(a) 厨房柜台处透视

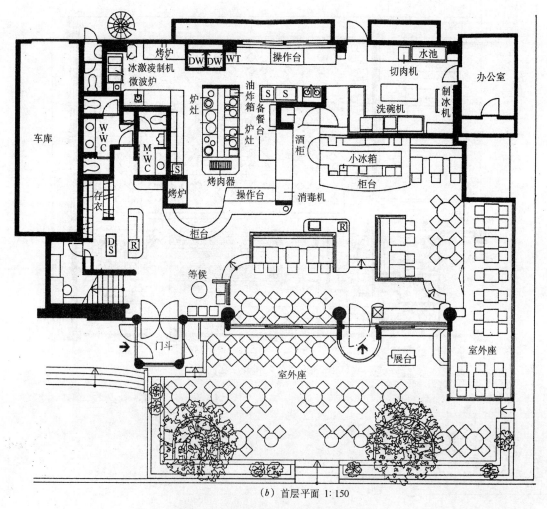

烤炉
冰激凌制机
微波炉
操作台
水池
DW DW WT
办公室
切肉机
车库
炉灶
油炸箱
备餐台
炉灶
S S
洗碗机
制冰机
W.C
酒柜
小冰箱
M.C
S
柜台
存衣
烤炉
烤肉器
操作台
消毒机
DS R
柜台
R
等候
门斗
室外座
室外座
展台

(b) 首层平面 1:150

图 9-50 西餐厅实例——半开敞式厨房

202

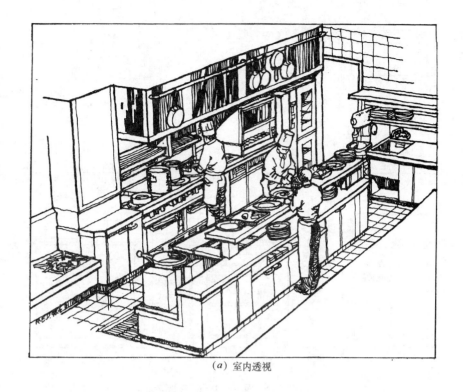

(a) 室内透视

10000　　　　　　4500

2000

女厕

男厕

平台

7000

餐厅

吧台

8500

办　更

卫

开敞式厨房

厨房

门厅

(b) 平面

图 9-51　西餐厅实例二——开敞式厨房

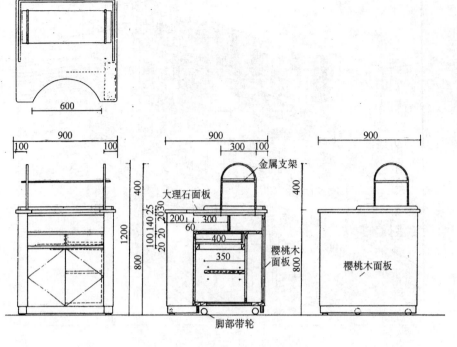

图 9-52 西餐用切面包操作台

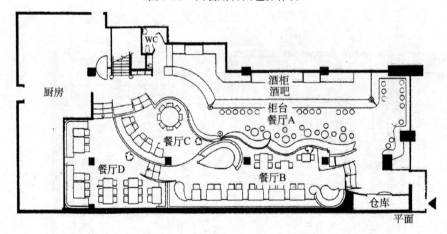

图 9-53 现代欧风餐厅(参见彩图 9-15)

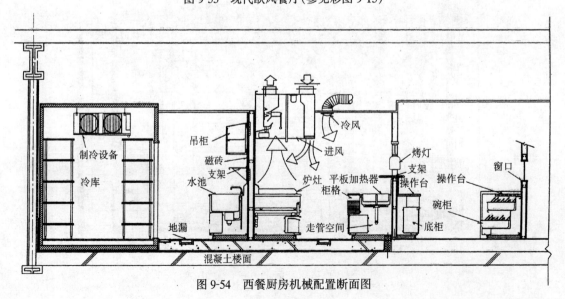

图 9-54 西餐厨房机械配置断面图

第五节　烧烤、火锅店

烧烤和火锅都是近年来逐渐风行全国的餐饮形式。涮火锅原是我国具有很强地方色彩的饮食方式，如北京的涮羊肉和重庆的火锅。烧烤原是在韩国和日本非常盛行的餐饮形式。随着人民生活水平的提高和对饮食方式多样化的要求，火锅和烧烤店已是街头小巷随处可见的餐饮店了。

一、烧烤、火锅店的特点

火锅和烧烤的共同特点是在餐桌中间设置炉灶，涮是在灶上放汤锅，烤则是在灶上放铁板或铁网，二者的异曲同工之处是大家可以围桌自炊自食，看着红红的炉火，听着涮、烤时发出的滋滋的声音，闻着扑面而来的香味，有一种热烈的野炊和自炊的气氛，令人兴奋和陶醉，见彩图9-17。

火锅和烧烤店的盛行与现代技术的发展有一定的关系。一是有了肉片切薄机，不象过去必须聘用刀工很好的师傅，现在新来的小工也能操作，而肉片是否能切的标准和薄，是决定涮和烤是否能够达到美味的关键。二是冰箱等的功能不断进步，贮存量、保鲜程度不断提高，也使店家不再为保鲜、贮藏问题发愁。此外涮火锅、烧烤都是半自助的形式，能够省人工，并利于接待团体顾客。

涮火锅和烧烤店的另一个特点是具有季节性，一般来说冬季生意火爆，而到夏季就比较冷清。因此有些店采取到夏季改变经营内容的方式，例如成为一般的中餐店。

二、平面布局与餐桌设计

火锅及烧烤店在平面布置上与一般餐饮店区别不是很大，稍特殊的地方是端送运输量较大，厨房与餐厅连接部分最好开两个运输口，尽可能比较便捷、等距离的向客席提供服务。餐厅中的走道要相对宽些，主通道最少在1000mm以上。一些店采用自助形式，自助台周边要留有充足的空间，客流动线与服务动线应清晰明确，避免相互碰撞。

由于火锅和烧烤店主要向顾客提供生菜、生肉，装盘时体积大，因而多使用大盘，加上各种调料小碟及小菜，总的用盘量较大。此外桌子中央有炉具，(直径300mm左右)，占去一定桌面。因此烧烤、涮锅用的桌子比一般餐桌要大些。例如四人用桌的桌面应在800～900mm×1200mm左右。

火锅、烧烤店用的餐桌多为4人桌或6人桌，对于中间放炉灶来说这样的用餐半径比较合理。2人桌同4人桌比，须用的设备完全相同，使用效率就显得低。6人以上的烧烤桌，因半径太大够不着锅灶，也不被采用，人多时只能再加炉灶。因受排烟管道等限制，桌子多数是固定的，不能移来移去进行拼接，所以设计时必须考虑好桌子的分布和大桌、小桌的设置比例。通常在中间布置条形大桌，供团体使用，也有设成柜台席的，服务员在内侧可协助涮、烤，见彩图9-18。

火锅及烧烤用的餐桌桌面材料要耐热、耐燃，特别要易于清扫，因油和汤常溅撒在上面，一般也不用桌布。烧烤、火锅店实例见图9-55至图9-57。

三、排烟设计

火锅和烧烤店在设计上需要特别注意的是排烟问题，如果这一点处理不当，就会造成店内油烟、蒸汽弥漫，空气受到污染，就餐环境恶化，餐厅的内装修被熏染，难以清除。在我国多数的市井小店中，这一问题还未得到解决。一些店只是在天花上设几处排风扇或仅以开窗进行自然排烟，室内的空气污染得不到彻底改善，这一点有待向国外学习。

日本在80年代初生产出无烟灶，解决了排油烟的技术难题，为日本涮锅、烧烤的普及助了一臂之力。无烟灶的原理是在烟与蒸汽还未扩散前，通过强制抽风，将烟气从设在桌子下部的管道中抽走。无烟灶的燃料可以用煤气、电或炭，其实例与构造形式参见图9-58至图9-60。

因无烟灶的管道是从下部通行的，可由地板下或短墙内走，这使餐厅上部空间，不再出现林立的排烟罩，确保了空间的通畅感，要注意排烟管道需占据一定空间，设在矮墙内需有一定厚度，设在地板下，需把地面抬高至少200mm，设计师可因势利导，利用地面抬高或设置装饰墙来丰富空间。最后从地板下、矮墙内走的管道再通过垂直烟道，排向室外。需要注意的是烟囱的高度及作法要符合国家规范，不能造成二次污染影响邻里。竖起来的烟道如果需要经由室内,可以利用假柱子等形式将它装饰起来。

(a) 室内

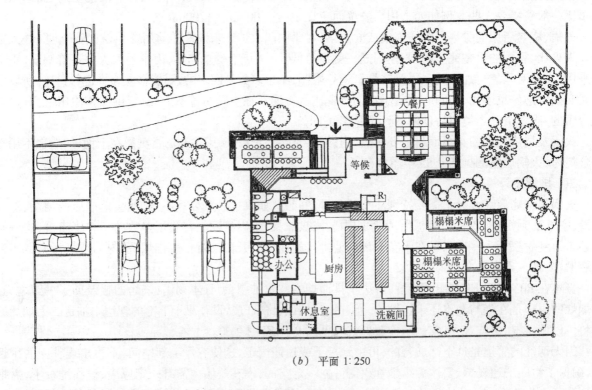

(b) 平面 1:250

图 9-55 采用无烟灶的烧烤店

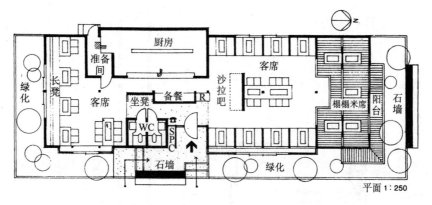

图9-56 铁板烧烤店

(a) 室内

(b) 平面图

图9-57 由厨师现场操作的铁板烧烤店

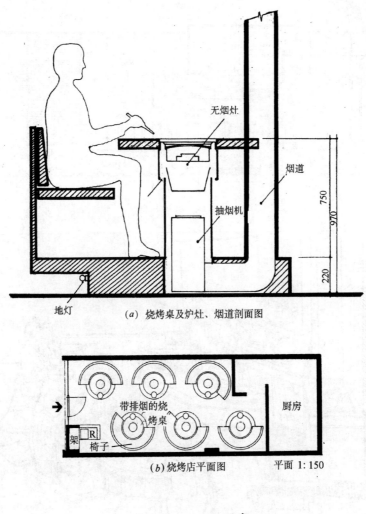

无烟灶

烟道

抽烟机

750

970

220

地灯

(a) 烧烤桌及炉灶、烟道剖面图

厨房

带排烟的烧烤桌

架 R 椅子

(b) 烧烤店平面图   平面 1:150

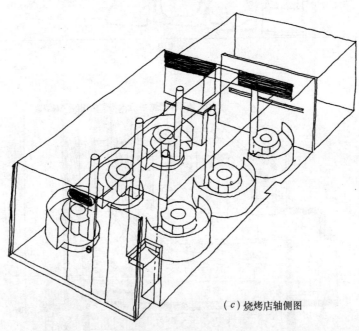

(c) 烧烤店轴侧图

图 9-58 烧烤店平、剖面设计
采用下方排烟式烧烤桌,烟道做成装饰柱,伸入吊顶,再接横管将烟排走。

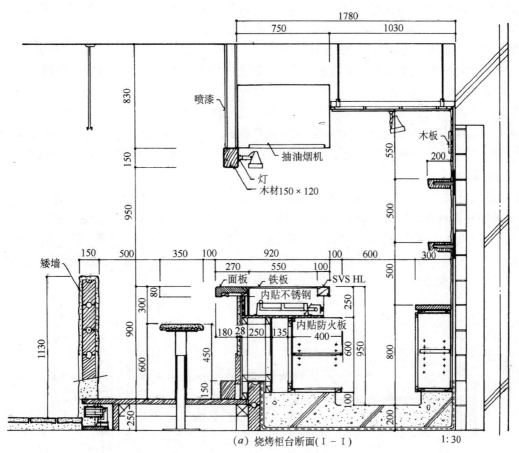

(a) 烧烤柜台断面(Ⅰ-Ⅰ)   1:30

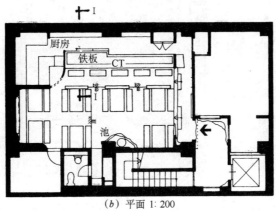

(b) 平面 1:200

图 9-59　烧烤店实例与厨房、柜台部分断面

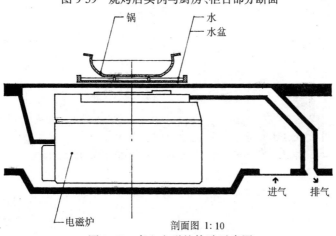

剖面图 1:10

图 9-60　桌上电磁炉构造示意图

在餐厅的平面布局中,餐桌的布置,人流动线及空间的划分要与空调、排烟系统的位置和走向密切结合,因受管道限制,桌子需要对正,火锅、烧烤店的平面布局一般都比较整齐。

值得注意的是,采用强制排风措施后,餐厅内的空气循环率加大了,冬季由暖气、空调机放出的热气及夏季由空调机放出的冷气,都会被同时带走。因此,烧烤、火锅店的空调功率需选择比普通店大。

日式无烟灶的排气管道是从桌子下方走的,对桌子的设计有一定要求。无烟灶通常卧在桌子中央,灶顶低于桌面,上加炉盖与桌面平齐,不进行涮、烤时可当普通桌子使用。处于桌面下部的灶具与排烟管道相接,其外部要用防热防燃材料包好,这样也就形成了桌腿。当然包藏管道的中央桌腿过粗时,用餐人放腿不舒服,所以相应加大桌面也有这方面的原因。桌腿上还设置了检修门,可以检修管道和灶具。

四、厨房设计

火锅和烧烤店的厨房工作与一般餐厅相比,在操作和服务方面要简单些。生肉、生菜和调味汁可事先准备好,从而避免高峰时的紧张。厨房中热炒用的炉灶不多,其它机械种类也较少。主要是汤锅、饭锅。副食精加工和主食加工所用的空间可以压缩。但冰箱、冷库及解冻设备非常重要,需要占用较大的空间,一般根据一周的用量来考虑贮存面积。此外配料、摆盘等需要较大的操作面,洗涤部分的设备和空间也要配足,以保证工作迅速、顺畅。烧烤店厨房布置与流线见图 9-61。

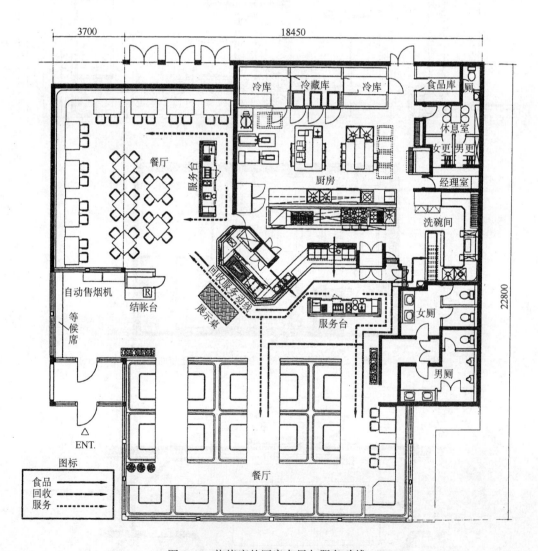

图 9-61 烧烤店的厨房布局与服务动线

第六节　自　助　餐　厅

自助式餐厅最初出现于 19 世纪末的美国。它以"自选、自取"为特征,由顾客自行到餐台选取所喜爱的食物。这种餐厅近年来在我国也发展很快。

一、自助餐的形式和设计要点

自助餐大致可以分为两种形式,一种是客人到一固定设置的食品台选取食品,而后依所取样数付帐;另一种是支付固定金额后可任意选取,直到吃饱为止。这两种方式都比一般餐厅可以大大减少服务人员的数量,从而降低餐厅的用工成本。同时,对于消费者来说由于可以根据自己的意愿各取所需,而不必再为点菜费神,因而受到消费者的欢迎。近年来不少经营火锅、烧烤、比萨饼的餐厅也采取了自助的形式。有不少学校和机关的食堂也开始采取了由就餐者自选,然后按所选结算的自助方式。

自助餐厅在设计上必须充分考虑其功能要求。在由顾客自行选取,按所取样数结帐方式的餐厅,应在顾客选取路线的终点处设置结算台,顾客在此结算付款后将食品拿到座位食用。这种餐厅一般还在靠近出口处设置餐具回收台,顾客就餐后将餐具送到回收台。在采取顾客交纳固定费用而随意吃喝方式的餐厅,要注意餐台的设计应能使顾客可以从所需的食物点切入开始选取,而不必按固定的顺序排队等候。比起传统的一字型餐台,改良的自由流动型和锯齿型餐台更容易实现这一功能要求。另外,由于在这种形式的餐厅中顾客需要经常起身走动盛取食物,餐桌与餐桌之间、餐桌与餐台之间必须留出足够的通道,以避免顾客之间出现拥挤和碰撞。两种方式的餐厅在设计上都必须对顾客的流线有周密的考虑,避免顾客往返流线的交叉和相互干扰。自助餐厅多采用大餐厅、大空间的形式,根据具体情况也可在其中做适当的分隔。餐厅的装修应简洁明快,力求使人感觉宽敞、明亮,切忌给人以拥挤的感觉。实例见图 9-62 至图 9-65 及彩图 9-19。

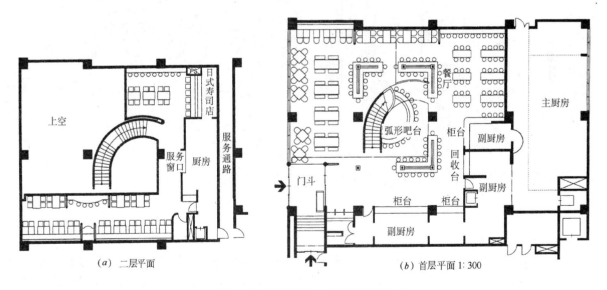

(a) 二层平面　　　　　　　　　　　(b) 首层平面 1∶300

图 9-62　购餐券式自助餐厅(实例一)

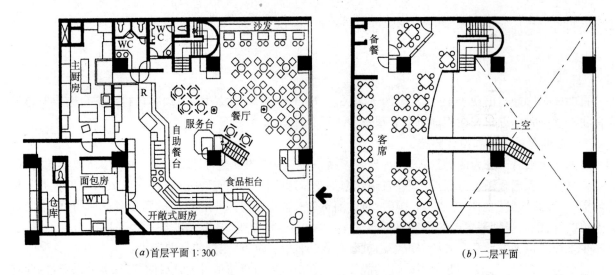

(a)首层平面 1:300   (b)二层平面

图 9-63 自助式西餐厅(实例二)

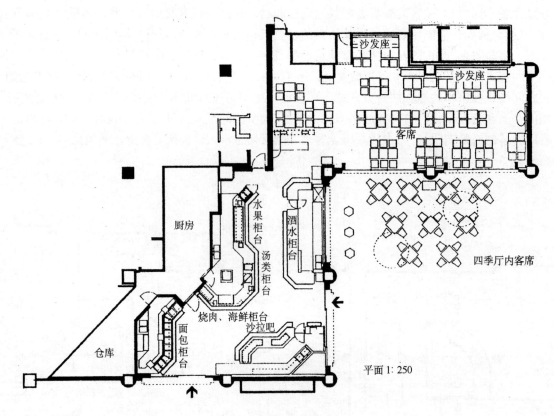

平面 1:250

图 9-64 自助餐厅(实例三)

二、自助餐厅的厨房

对于专门经营自助餐的餐厅来说,由于对厨房的及时热炒和烹、炸的要求不高,因此除冷荤制作部分的工作量较大、面积一般不宜缩小外,烹调间以及为其服务的副食粗加工间、副食细加工间的面积都可以比同等规模的一般餐厅有所缩小,在设施上也可以相应简化。至于经营烧烤、涮火锅之类的自助餐厅,因食品的"烹调"基本上是由顾客自行完成的,这类餐厅的烹调间和辅助加工部分的空间可以大大缩小,甚至可以不设烹调间。

自助餐台位置、详图见图 9-66 和图 9-67。

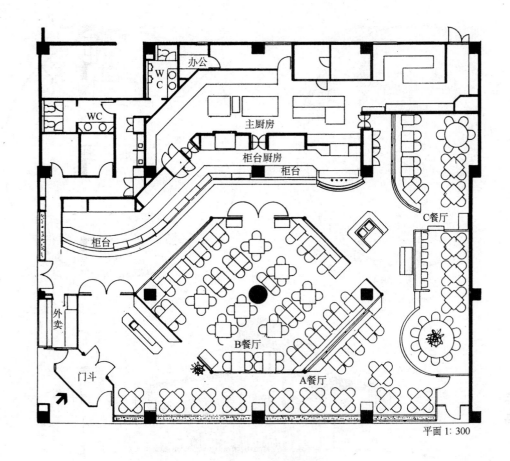

图 9-65 自助餐厅(实例四)

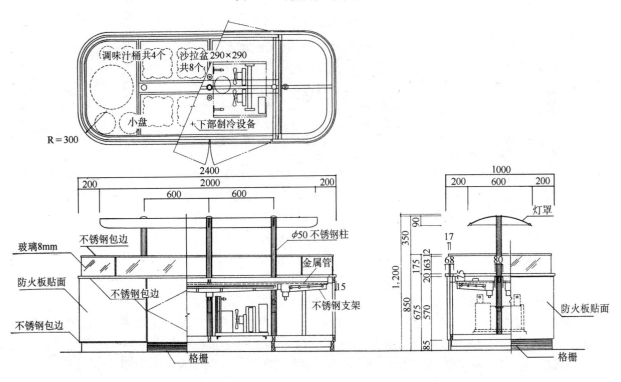

图 9-66 "沙拉"吧台详图
注："沙拉"为凉拌菜,主要包括蔬菜、水果、浇汁

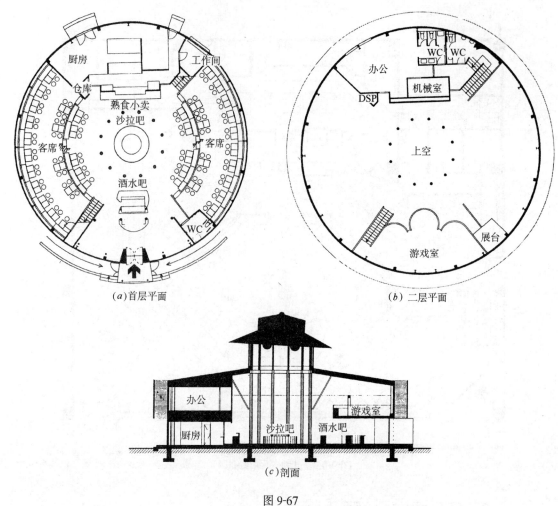

(a)首层平面

(b)二层平面

(c)剖面

图 9-67
中间设"沙拉"吧两边设座的西餐自助餐厅

第七节 快 餐 厅

一、快餐业的概况与特点

快餐厅起源于本世纪 20 年代的美国。与传统餐厅相比,可以认为快餐厅是把工业化概念引进餐饮业的结果。因为快餐厅采用机械化、标准化、少品种、大批量的方式来生产食品。由于快餐业适应了现代生活快节奏、注重卫生和一定的营养要求,自出现以来发展很快。一般而言,快餐业具有以下几个特点:

(1)产品易于为大众所接受,主题产品种类少,适于大批量标准化制作。

(2)价格相对低廉。

(3)大量使用半成品食物,并使用自动和半自动的机器设备,以减少现场操作时间,提高运营效率。

(4)通常采用连锁店的方式经营,以实现规模经营和提高市场占有率。

在我国,快餐业是在改革开放之后从无到有发展起来的。先是洋快餐独领风骚,随后中式快餐也逐渐发展起来。从"肯德基"、"麦当劳"打入中国,到"荣华鸡"、"红高粱"与之"分庭抗礼",快餐厅的经营形式已逐步被大众接受。随着生活水平的提高和实行双休日,人们在外就餐的比重不断增加,快餐业在我国发展前景远大。

二、快餐厅的空间布置及设计要点

快餐厅空间布置的好坏直接影响到快餐厅的服务效率。一般情况下,将大部分桌椅靠墙排列,其余则以岛式配置于房子的中央。这种方式最能有效地利用空间。靠墙的座位通常是 4 人对座或 2 人对座,也有少量 6 人对座的座位。岛式的座位多至 10 人,少至 4 人,这类座位比较适于人数较多的家庭或集体用餐时使用。

由于快餐厅一般采用顾客自我服务方式,在餐厅的动线设计上要注意分出动区和静区,按照在柜台购买食品→端到座位就餐→将垃圾倒入垃圾筒→将托盘放到回收处的顺序合理设计动线,避免出现通行不畅、相互碰撞的现象。如果餐厅采取由服务人员收托盘、倒垃圾的方式,应在动线设计上与完全由顾客自我服务方式的有所不同。

快餐厅的室内空间要求宽敞明亮,这样既有利于顾客和服务人员的穿梭往来,也能给顾客以舒畅开朗的感受。色调应力求明快亮丽,店徽、标牌、食品示意灯箱以及服务员服装、室内陈设等都应是系列化设计,着重突出本店的特色。快餐厅实例见图9-68至图9-70及彩图1-1至彩图1-2、彩图9-20、彩图9-21,厨房布置见图9-71。

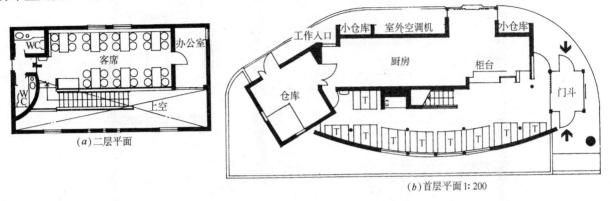

图 9-68　快餐厅实例———麦当劳快餐店

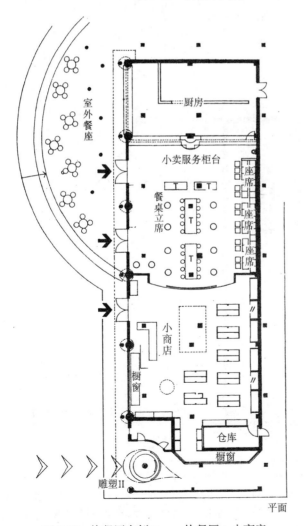

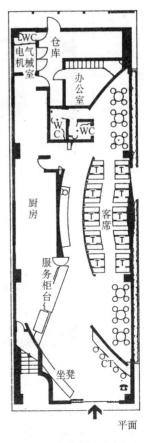

图 9-69　快餐厅实例二———快餐厅＋小商店　　　　　图 9-70　快餐店实例三

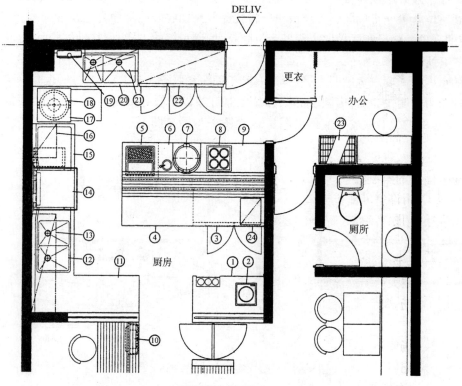

（a）厨房设备布局详图

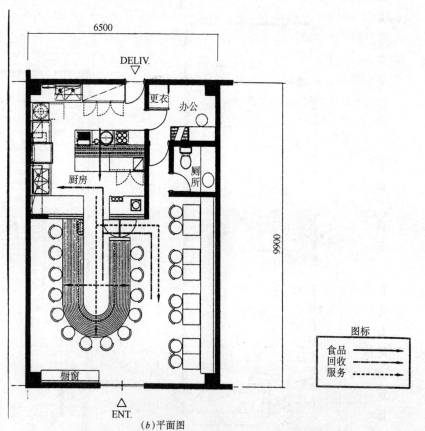

（b）平面图

图 9-71　小型快餐店平面图及厨房设备布局详图

①备餐台　②电磁炉　③冰箱　④操作台　⑤食品加热器　⑥米柜　⑦蒸锅　⑧电磁炉　⑨操作台　⑩小洗手盆　⑪操作台　⑫水池　⑬吊柜　⑭洗碗机　⑮碗柜　⑯吊柜　⑰量米器　⑱电饭堡　⑲热水器　⑳水池　㉑吊柜　㉒冰箱　㉓搁板　㉔汤锅

第八节　饮　食　广　场

一、饮食广场的优势

所谓饮食广场一般是指设在大商场的某层由众多的饮食店面组成的餐饮区。对其称谓多种多样,有叫美食广场、美食城、美食街的,也有称餐饮中心的,都是指在一个大空间中的这种饮食店群体。

饮食店集中设在大商场中有一定优势,首先对消费者来说十分方便,购物过程中足不出店便可就餐,父母带孩子出来购物时,也可在此等候或稍事休息。另外对于商家而言,购物与餐饮相互促进,形成一种集聚效应,能更长时间的留住顾客,增加商场的收益。

由于饮食广场是由许多风格各异的小吃店组成的,可以适应不同顾客的口味,顾客来此有很大的选择余地。同时因一般采用顾客自取、自我服务方式和菜单固定的快餐形式,有利于降低菜肴的价格,比较适合购物时的消费心理。

二、饮食广场的设计要点

饮食广场一般设在大商场的顶层或底层,这与大商场以购物为主,饮食、娱乐为辅的宗旨是一致的。但也有一些超级大商场,属于多功能经营性质,餐饮部分在其中占有相当的地位,所以其位置也有在首层或中间层的。

饮食广场与大商场联系紧密,多呈开放形式,不设入口小门,顾客随进随出,自动扶梯等垂直交通直接到达。饮食广场与其它购物层同在一层时多数放在儿童用品部和娱乐城的旁边。由于出入饮食广场的顾客较多,与其接近的部分应留出足够的通道,以免影响附近柜台的购物秩序。

由于饮食广场属联营快餐性质,有一定规模,因此室内空间较大,座位要求较多。通常在大空间的周边布置各小吃店的售卖柜台和厨房,中心布置座位。室内地面高差无须过多变化,一般也不设单间、雅座。空间多数仅用低矮的栏杆、花台等分隔,以保持视线的通畅。桌椅色彩鲜明,造型简单,适于人流量大、替换快的就餐形式。地面、墙面、餐桌椅的面材都结实、光洁,易于维护、清扫。

饮食广场追求的空间气氛主要是明快和敞亮。设在顶层的有条件应开天窗,设在中间层的可开部分外侧窗,开窗能使人有开阔的视野和良好的心情。通常在商场购物时多体验到拥挤和繁华,到饮食广场来希望得到暂时的休憩和放松。因此高大宽敞的空间、明快轻松的气氛及良好的视野和充分的自然采光,会博得顾客的好感。

饮食广场在照明设计上,亮度要求高,通常注重整体照明,在没有自然采光的情况下,亮度也希望达到白昼水平。光源多设在顶部,也可采用一些装饰性的局部照明,如挂灯、壁灯等,另外可利用广告、霓虹灯来帮助增加亮度。

饮食广场虽然由许多家店面组成,但共处一个大空间中,设计上应注重整体的统一性。一般各店的柜台、店牌、霓虹灯广告等的大小高度都是统一的,整个空间的装修、色彩、家具也是按统一的格调进行设计,以保证整体效果。

饮食广场中各店的售卖柜台和厨房均沿周边布局,这样一是可以争取最大的售卖面宽,二是使座位相对集中,节约交通面积。售卖柜台和厨房一般呈前后格局,每家店面宽3~6m,进深6~10m左右。各家厨房后面有统一的运输通道与商场的货运电梯连接,以保证供应。饮食广场实例见图9-72至图9-74。

三、民俗风味小吃街

民俗风味小吃街,最早是在民间的街巷中自然形成的,内容具有大众文化背景,在食品及制作上具有突出的地方特色。如北京东华门外小吃街,临时性的庙会小吃街,南方则把它称之为大排档。小街巷中小吃店鳞次栉比,炊烟袅袅,具有浓郁的人情味和地方色彩。这种民俗小吃街与今日大商场的饮食广场相比,主要区别是在地点环境上,但在店铺的连排性、特色性、顾客可自由选择食品及比较经济等方面具有异曲同工之处。如今国外一些大商家把这种具有传统文化气息的小吃街直接搬到了大商场中,使人虽身居闹市,仍能享受到民间传统饮食文化,品尝到地方风味小吃的特色。见实例图9-75、图9-76及彩图1-3、彩图9-22。

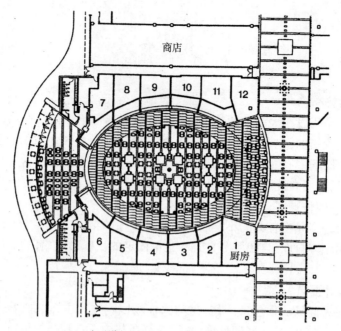

(a)大型综合商业中心中的饮食广场平面

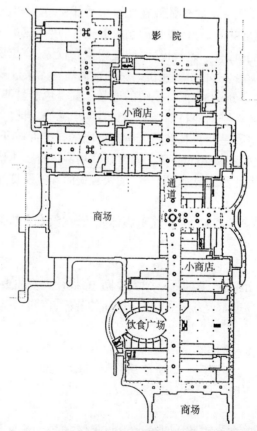

(b)总平面 饮食广场在大型综合商业中心中的位置

图 9-72 饮食广场实例一(一)

(c)饮食广场室内透视图

图 9-72　饮食广场实例一(二)

饮食广场为椭圆型,两侧布置厨房柜台,一侧与大型商业中心的主要人流通道相连,全部为开敞式。

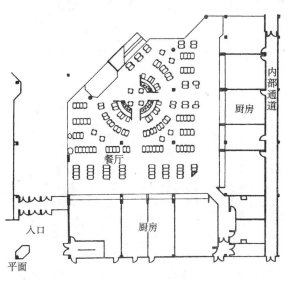

图 9-73　饮食广场实例二

厨房沿饮食广场两侧布置,后有内部通道将各厨房相连,确保供应。

(a)饮食广场透视

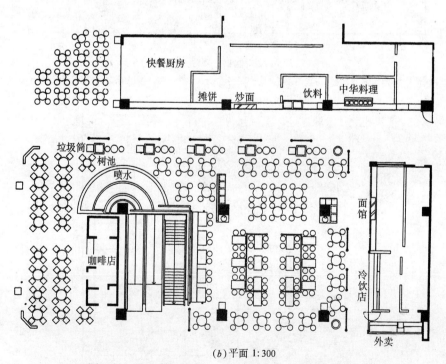

快餐厨房

摊饼　炒面　　饮料　中华料理

垃圾筒
树池
喷水
咖啡店

面馆

冷饮店

外卖

(b)平面 1:300

图 9-74　饮食广场实例三——饮食广场透视与平面图

　　该饮食广场室内空间较高,在上部设计一些带坡顶形式的装饰立面,以丰富室内空间层次和增加亲切感。楼梯和电梯直接升至饮食广场,广场与周围的商场也没有明显的界线,往来自由。

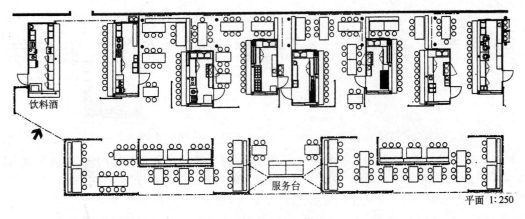

平面 1:250

图 9-75　民俗小吃街平面

　　每个特色小吃店自带厨房,紧围厨房设有吧台座和散座,公共走道的另一侧,设有一些共用座席,顾客可以买不同小店的食品来这里进食。

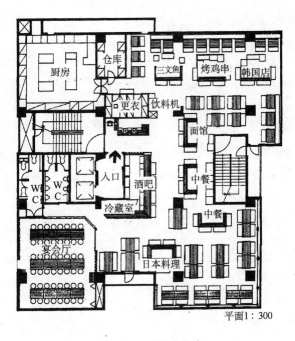

平面1:300

图 9-76　民俗小吃街

第十章　清华大学"餐馆设计"学生作业选录

(学生作业见正文前彩页图 10-1～图 10-16)

清华大学建筑学院在建筑设计课教学计划中,在二年级共安排五个课程设计,其中第二个课程设计的题目为"餐馆设计",设置该选题的目的是培养学生的创造性思维和综合设计能力,重点训练室内设计。

设计地段选择在城市繁华商业街上的"夹缝"地段,即其两侧或左、右、后三侧均被毗连的商业建筑占据,训练学生在有限的场地内,组织好较为复杂的小型公共建筑的功能,培养构思与创意的能力,训练对空间的感知和空间设计的能力,初步学会运用光、色彩及材料,了解家具与人体尺度的关系,了解人的行为心理。

该课程设计为时 8 周,课内共 56 学时。完成的方案设计图要求为:尺规绘制的钢笔淡彩图一张。
图纸内容:

1. 各层平面:　　　1:100(包括室内家具陈设布置、室外环境设计)
2. 立面:　　　　　1:100(视地段情况绘制 1-2 个)
3. 剖面:　　　　　1:100(1～2 个)
4. 室内透视图　　　(1 个)
附:设计任务书

设 计 任 务 书

今拟在一繁华商业区夹缝地段建一餐馆(附地段图),建筑为两层,设置160～180 个座位,同学们可根据自己所构思的餐馆经营特点和建筑风格确定餐馆字号。地段环境周围建筑均为两层,餐馆与周围建筑物的交接处外墙均不开窗。

功能分区	空 间 名 称	功 能 要 求	家 具 设 备 内 容	面积(m²)
餐厅部分	餐 厅	• 根据餐馆经营特点可分雅座和散座,亦可设酒吧座、快餐座 • 餐厅不仅提供餐饮服务,同时应创造良好的餐饮环境及氛围 • 注意上下交通组织,体现空间的流动性 • 也可考虑加设其它辅助功能	• 座位:约160～180 个 • 应设电话(客用) • 视不同建筑风格考虑布置娱乐设施,如卡拉 OK、舞池、表演台、钢琴台等 • 根据经营需要亦可设自助式服务台等 • 可设小卖、外卖、酒吧等	280
	付货部	• 提供酒水、冷荤、备餐、结帐等服务 • 位置应设在厨房与餐厅交接部位,与服务人员和顾客均具有直接联系	• 柜台、货架、付款机等 • 可根据餐馆不同经营特点适当考虑部分食品制作展示功能	10～15
	门 厅	• 引导顾客通往餐厅各处的交通与等候空间	• 可考虑设存衣、引座等服务设施 • 设部分等候座位 • 可考虑设部分食品展示橱窗	20
	客用厕所	• 男厕与女厕各一间 • 洗手间可单独设置或分置于男、女厕所内 • 厕所门的设置需隐蔽,应避开从公共空间来的直接视线	• 男女厕所内各设厕位 1～2 个 • 男厕设小便池 1 个 • 带台板的洗手池 • 拖布池 1 个	12

功能分区	空间名称	功能要求	家具设备内容	面积(m²)
厨房部分	主食初加工	• 完成主食制作的初步程序 • 要求与主食库有较方便的联系	设面案、洗米机、发面池、淘米池、饺子机、餐具与半成品置放台等	30
	主食热加工	• 主食半成品进一步加工 • 要求与主食初加工和备餐有直接的联系	• 设蒸屉、烘烤箱等 • 考虑通风和排除水蒸汽	50
	副食初加工	• 属于原料加工,对从冷库和外购来的肉、禽、水产品和蔬菜等进行清洗和初加工 • 要求与副食库有较方便的联系	设冰箱、绞肉机、切肉机、切菜机、菜案、洗菜池和存放柜等	20
	副食热加工 (含副食细加工)	• 含副食细加工和烹调间等部分,可根据需要做分间或大空间处理 • 对于经过初加工的各种副食原料分别按照菜肴或冷荤需要进行称量、洗切、配菜等过程后,成为待热加工的生食半成品 • 煎、炒、烹、炸、炖等热加工 • 要求与副食初加工有直接的联系 • 副食热加工可部分设在二楼	• 设菜案、洗池、各种灶台等 • 灶台上部应考虑通风、排烟处理	80～90
	冷荤制作	注意生熟分开	菜案和冷荤制作台等	10
	备餐	• 包括主食备餐和副食备餐,二者常设于一处 • 要求与热加工有方便的联系 • 位于厨房与餐厅之间,与餐厅相接一面应靠近付货台,以便管理 • 视设计需要可部分设在二楼 • 设食梯二部	设备餐台、餐具存放柜、洗池等	12～18
	餐具洗涤消毒间	• 餐具的洗涤、消毒和短时存放 • 要求与备餐有较方便的联系	设洗碗池、消毒柜、餐具短时置放台、垃圾桶等	20
	主食库	存放供应主食所需的米、面和杂粮等		10
	副食库	• 包括干菜库、冷藏室、调料库和半成品库 • 冷藏室可考虑作建筑保温处理		共18
辅助部分	办公室(二间)	会计、经理办公和值班		共24
	更衣、休息	男、女更衣各一间 休息室一间	设更衣柜、洗手池、休息桌椅等	共40
	淋浴、厕所	• 男、女厕所各一间 • 淋浴可分设于男、女厕所内,亦可集中设一淋浴间,分时使用	男、女厕所各设厕位1个 淋浴1个 男厕设小便器1个 前室设洗手盆各1个 拖布池1个	共16
备注		• 总建筑面积控制在750m²左右(上下浮动不得超过5%)。 • 大餐厅净高不得小于3.0m,小餐厅净高不低于2.6m,设空调的餐厅净高不低于2.4m,异形顶棚最低处不低于2.4m,局部吊顶不低于2.0m。 • 厨房部分净高不得小于3.0m。 • 餐厅和厨房尽量考虑自然采光通风(要求洞口面积不少于该房间地面的1/10,通风开口不少于该房间地面的1/16)。 • 入口设于西、北侧时应设防风门斗。 • 设杂物院一处,不少于10m²。		

主要参考文献

1．王学泰．华夏饮食文化．第一版．北京:中华书局出版,1993

2．林乃燊．中国饮食文化．第一版．上海:上海人民出版社,1989

3．(美)弗郎西斯·D.K.钦．建筑:形式·空间和秩序．邹德侬,方千里译．第一版．北京:中国建筑工业出版社,1987

4．(丹麦)杨·盖尔．交往与空间．何人可译．第一版．北京:中国建筑工业出版社,1992

5．胡正凡．空间使用方式初探．建筑师(24),1985:51～53

6．赵向标主编．现代餐饮业实务全书．北京:国际文化出版公司,1996

7．建筑设计资料集第5集编委会．建筑设计资料集第5集．第二版．北京:中国建筑工业出版社,1994

8．崔普权·黄苗子先生的豆腐论·中国食品报·1997.11.12

9．季羡林·从哲学角度看中餐与西餐·美食(4),1997:34

10．卢嵘　蓝军·钱多了,讲品味·南方周末,1997-11-14(7)

11．闫宇·我国餐饮业的现状与发展·美食(3),1997:13

12．晓芹·花样翻新,取悦顾客(上)(下)·中国食品报·1998.1.19,2.9

13．姜秋桃·快餐店也要讲文化·中国食品报·1997.11.10

14．左雪文·足球餐厅,出奇制胜·中国食品报·1998.3.23

15．王克明·京华食苑　独一无二·中国食品报·1998.1.26

16．李汉城·今日蓉城茶馆·中国食品报·1997.11.21

17．王仁兴·是餐厅也是乐园——访北京詹姆斯餐厅总监博尼·中国食品报·1998.2.9

18．袁文良·别具一格的"静一下"餐厅·中国食品报·1998.5.4

19．(日)内田繁．冲健次编著．日本室内设计与装修．孙日明译．第一版．广西:广西美术出版社,1995

20．朱小平著．室内设计．第一版．天津:天津人民美术出版社,1990

21．王世懋主编．酒店餐厅装饰设计图集．第一版．沈阳:辽宁科学技术出版社,1993

22．来增祥,陆震纬编著．室内设计原理(上册).第一版．北京:中国建筑工业出版社,1996

23．《饮食店の设计アプローチ》(日),别册商店建筑-55.商店建筑出版社,1991.12

24．《店铺の外装デザイン》(日),别册商店建筑-64.商店建筑出版社,1993.8

25．《レストランカワエのデザイン》(日),别册商店建筑-74.商店建筑出版社,1995.2

26．《世界のレストラン&バー》(日),别册商店建筑-84,商店建筑出版社,1995.2

27．《ショッブ·ブランニング》(日),商店建筑9月号增刊,商店建筑出版社,1997.9

28．《RESTAURANT&SHOP FACADES 2》(日),商店建筑出版社,1997

29．《未来型ロート"サイト"ショップ》(日),なかむらふみ著,1993

30．陈式桐,陈伯超著．酒楼、餐馆、咖啡厅建筑设计．沈阳:辽宁科学技术出版社,1993

31．黄居祯,柳军,孙清军,赵滨江　编著．店面设计与装修．北京:中国建筑工业出版社,1993

32．唐晓刚编绘．商店门面装修设计．西安:西安交通大学出版社,1992